城市居住地选择的优化模型

刘睿 著

吉林大学出版社

·长春·

图书在版编目（CIP）数据

城市居住地选择的优化模型 / 刘睿著. -- 长春：
吉林大学出版社，2023.10
　　ISBN 978-7-5768-2529-9

　　Ⅰ．①城… Ⅱ．①刘… Ⅲ．①城市－居住区－选择－
优化模型 Ⅳ．①TU984.12

　　中国国家版本馆CIP数据核字(2023)第216750号

书　　名：城市居住地选择的优化模型
　　　　　CHENGSHI JUZHUDI XUANZE DE YOUHUA MOXING

作　　者　刘　睿　著
策划编辑　刘　佳
责任编辑　张采逸
责任校对　闫竞文
装帧设计　文　一
出版发行　吉林大学出版社
社　　址　长春市人民大街4059号
邮政编码　130021
发行电话　0431-89580028/29/21
网　　址　http://www.jlup.com.cn
电子邮箱　jdcbs@jlu.edu.cn
印　　刷　北京昌联印刷有限公司
开　　本　787mm×1092mm1/16
印　　张　7
字　　数　100千字
版　　次　2023年10月第1版
印　　次　2023年10月第1次
书　　号　ISBN 978-7-5768-2529-9
定　　价　68.00元

前　言

　　城市居住地选择是一个涉及广泛、深刻影响人们生活的重要决策. 在现代社会，随着城市化进程的不断加速和人们对更高质量生活的追求，居住地的选择成为一个复杂而严峻的问题. 选择一个适宜的居住地，涉及众多因素，包括但不限于工作机会、教育资源、社区环境、交通便利性、生活成本等. 然而，面对庞大的信息量和多元的需求，个体在做出理性决策时常常感到困惑和无措.

　　几个世纪以来，人们一直致力于研究居住地选择和土地利用之间的关系. 在我国传统文化价值观的影响之下，以及西方文化思潮的冲击之下，我国的城市空间发展进入郊区化、去工业化及消费化的文化导向下的城市更新与空间重构阶段. 因为原始资本的积累方式和社会本质的不同，我国城市发展具有土地利用半市场化、人口密度大、城市化进程快等特点，这与西方发达国家的城市发展特点有一些相似之处，但也存在较大的差异，这就使得国外很多成熟的土地利用模型不能生搬硬套，需要根据我国国情对这些模型进行本土化改进. 本书建立在我国城市发展实际的基础之上，致力于研究我国城市居民的居住地选择模型，为城市布局、城市功能分区、居住区规划、交通预测等提供理论基础.

　　本书旨在为城市居住地选择领域的研究者、城市规划从业者、决策者以及对城市生活有关注的普通居民提供有益的信息和思路。无论是对城市规划感兴趣的专业人士，还是准备在城市中寻找更适宜居住地的居民，都将在本书中找到对他们有益的知识。

目　录

第1章　城市居住地的基本理论

1.1　城市的概念

1.1.1　研究背景

城市是一定区域范围内政治、经济、文化、宗教、人口等的集中之地和中心所在，并伴随着人类文明的形成发展而形成发展的一种有别于乡村的高级聚落. 我国对于城市本质和特征的最权威的提法，已写入了《中共中央关于经济体制改革的决定》之中，即"城市是我国经济、政治、科学技术、文化教育的中心，是现代工业及工人阶级集中的地方，在社会主义现代化建设中起主导作用."城市"相当于英语的"city"，是农村的对称，指那些人口集中稠密，工商业发达，居民以非农业人口为主，在政治、经济、文化等方面处于中心地位的地理区域，没有法定的分界线，具有边界模糊性，属于社会、经济、地理概念. 城市是伴随着人类社会发展和经济水平提高所必然形成的各种经济市场（如住房、劳动力、土地、运输等）相互交织在一起的大型网络系统，它兼具空间上和人类行为活动上的概念.

本书所指的城市土地利用与我国建设部所规定的城市用地的含义是不同的，其不仅包含城市用地及其土地面积，还包含依附于土地进行的各种社会经济活动（如居住家庭数、人口数、工作岗位数、商场数、绿化面积等）. 上述这些指标之间的相互作用会导致人口的流动而导致城市空间结构的变化.

国民经济的快速增长会引起城市规模不断扩张、城市车辆饱和及居民出

1

行量增加等一系列问题. 城市交通虽然为城市发展做出了巨大的贡献, 但出行量的迅速增加又会诱发诸多问题: 交通拥堵、空气污染、事故频发等. 其中, 交通拥堵已成为制约城市发展的重要原因之一. 城市土地利用和交通是 "源" 与 "流" 的关系, 二者相互协调发展才能解决城市交通拥堵问题, 实现土地利用集约化, 进而实现城市的可持续发展. 图 1 - 1 描述了城市交通和土地利用二者之间的相互关系①.

在我国, 长期以来城市土地利用规划与交通规划一直不协调, 很多城市都将二者分开来做规划②, 在城市建设之前未对该城市做全面深入的研究了解, 致使在城市建设中根据出现的问题, 不断地对城市规划做出相应调整, 而每一次或大或小的调整都会造成各种损失, 甚至会在一定时间内加剧交通拥堵现象, 这就使得城市交通难以很好地为城市规划服务. 除此之外, 为了获得更多土地收益, 一些政府部门和房地产开发商竭尽所能地获得土地开发权和使用权, 不惜破坏合理的土地开发模式③. 上述这些问题如要解决, 就必须对城市土地利用与交通进行整合, 深入分析二者的相互关系, 寻找使得二者相辅相成、协调发展的根本途径.

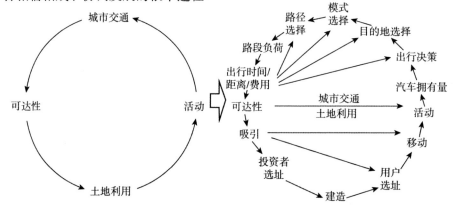

图 1 - 1　城市交通和土地利用二者之间的相互关系

①　M Wegener. Overview of Land-Use Transport Models [J]. Handbook of Transport Geography and Spatial Systems, 2004, 5: 127 - 146.

②　杨敏, 王炜, 陈学武, 等. 基于 DEIAHP 方法的大运量快速交通方式选择决策 [J]. 公路交通科技, 2006, 23 (7): 111 - 115.

③　周素红, 闫小培. 城市居住 - 就业空间特征及组织模式 - 以广州市为例 [J]. 地理科学, 2005, 25 (6): 664 - 670.

根据城市土地利用与交通之间的相互关系建立相应的模型，来模拟不同政策实施后对城市发展所造成的影响，对城市土地利用政策和交通政策进行分析，为城市土地利用规划和交通规划提供依据与参考，这些对解决城市交通拥堵、优化城市空间结构均具有十分重要的现实意义. 近几十年来，土地利用和交通之间的关系模型研究取得了一定进展，积累了大量的理论模型与实践经验，但城市土地利用与交通之间相互关系所牵扯的因素过多，相关研究的进展还是比较缓慢和散碎的. 我国在理论方面的研究还以引入和学习国外为主，仍处于起步阶段. 而由于最初的原始资本积累及社会性质不同，我国城市独具特色的转型、变迁与西方城市相比，虽有一些相似之处，但也存在较大差异（如土地利用半市场化、人口密度大、城市化进程快等）. 因此，国外的大多数研究成果无法照搬到我国来使用，这就要求国内的研究者必须根据我国国情，开发相应的城市土地利用和交通之间的相互关系的理论模型.

1.1.2　研究意义

本书以城市家庭的视角为出发点，以交通时间为主要考核标准，同时考虑了月家庭支出和居住条件，通过研究城市家庭的居住地选择模型来研究城市土地利用和交通之间的关系. 该研究工作具有以下意义：

（1）利用城市家庭的居住地选择模型解释了城市家庭选择居住地时所考虑的细节因素，体现了居住地选择的行为特征，揭示了城市家庭居住地选择与交通之间的关系. 并使用真实算例验证了模型的可信度.

（2）通过更加符合现实的模糊数据，更加有效地描述了居住地选择中，家庭所考虑因素的不确定性与可妥协性. 并通过经验函数将模糊数据确定化，提高了模型求解的准确度.

（3）通过建立居住地选择模型，分析了城市土地利用与交通之间的关系，对居住地选择的行为因素进行分析，通过土地利用政策对交通需求进行引导. 同时分析了城市地面上道路状况的改善、增设轨道交通线路、设立公交专用道与居住地房价之间的关系，及对不同收入阶层的城市家庭选择居住地的影响. 为城市土地利用和交通决策提供理论依据.

1.2　国内外城市土地的现状分析

1.2.1　国外研究现状

20世纪90年代以来，随着土地资源的不断减少，交通拥堵日益严重，城市土地利用与交通之间的相互关系研究开始备受关注. 西方发达国家主要对二者之间的关系的理论、实证、模型和政策等方面进行研究. 其中，居住地选择和交通之间的关系一直备受研究者们的关注.

关于土地利用与交通关系的研究最早是隶属于经济学与社会学领域的，其中以德国古典经济学派的区位理论，芝加哥学派的土地利用模式理论、城市空间经济学理论、行为学理论为代表. 随着这些理论的逐步发展，产生了土地利用和交通关系的一体化模型研究.

1. 理论模型研究

从20世纪60年代开始，国外学者开始研究居住地与交通之间相互关系的理论模型. 通过研究方法，可将这些模型分为四大类：空间相互作用模型（重力模型）、数学规划模型、基于随机效用理论的离散选择模型和竞租模型.

1) 空间相互作用模型（重力模型）

空间相互作用模型又称为重力模型，这类模型利用重力熵的形式和函数描述区位间的交通出行量.

空间相互作用模型是由 Hansen 在1959年提出的，而 Lowery 引入了区位理论，在1964年建立了著名的"都市模型"（model of metropolis），将人口、就业、零售（所有服务产业和非基础产业）的空间分布和土地利用全部融合在一个重复的迭代过程中. 1966年，Grain 对 Lowry 模型进行改进，通过在模型中增加了经济方法而提出了一个通用城市模型——Grain-Lowry 模型，该模型指出了联结所有子系统模型的重要性①. 1971年，Wilson 将熵最大化原理

---

① A G Wilson. Land-use and transport interaction models［J］. Past and Future：Journal of Transport Economics and Policy，1998，32（1）：3－26.

引入 Lowry 模型中，提出了首个城市动态模型[1]，该模型利用非线性微分方程组来模拟城市的一些复杂特征（如城市突变）. 这些模型根据就业的岗位水平（指在制造业和基本产业中就业）将人口分配到预先规定的居住区中，同时这些人口所在的家庭和产业也都需要服务，该需求又通过空间相互影响模型得以满足. 1983 年 Anas 所提出的多中心的城市土地利用均衡模型将交通拥堵和集聚经济视为内生. 1990 年 Capozza 建立了一个集聚经济模型，该模型致力于研究城市产业分布与人口居住分布之间的交互关系. 2002 年 Lucas 和 Rossi - Hansberg 将产业选址和居民居住地选址作为内生变量，提出了城市空间均衡模型，该模型通过数值模拟说明了决定城市中产业选址、居民居住地选择和居民的通勤特征的最主要因素为集聚经济和交通成本.

居住地选择的空间相互作用模型的优点在于理论较少且应用简便，是一种典型的应用型模型，但其所得的结果比较粗糙.

2）数学规划模型

数学规划模型经历了线性规划模型[2]和组合优化模型两个阶段.

Mill 利用线性规划模型描述了选址问题的空间市场均衡过程，在该过程中，如果所有住户都对自己的居住区位满意，则该空间市场处于稳定状态[3]. Anans 借助熵最大化原理，Kim 利用网络规划理论，均对这一均衡过程进行了拓展[4]. Prastacos 建立了项目优化土地利用信息系统，其目标函数为两个空间熵、上班出行费用、服务出行费用和居住区分布调整项，且其约束均为线性约束[5]，该模型最终目的是使得居住区的住户和产业岗位保持总量上的平

①　A G Wilson. Entropy in urban and regional modelling [M]. London：Pion，1971.

②　J Herbert，B Stevens. A model for the distribution of residential activity in urban areas [J]. Journal of Regional Science，1960，2：21 - 36.

③　E S Mills. An aggregative model of resource allocation in a metropolitan area [J]. American Economic Review，1967，57：197 - 210.

④　A Anas，L S Duann. Dynamic forecasting of travel demand，residence location，and land development：policy simulations with the Chicago area transportation/land use analysis system [J]. Advances in Urban Svtems Modelling，1986，56（1）：37 - 58.

⑤　E K Caindec，P Prastacos. A description of POLTS，the projective optimiazion land use information system [R]. Working Paper 95 - 1. Oakland CA. Association of Bay Area Governments. 1995.

衡. Bravo 建立了土地利用和交通的静态均衡数学规划模型①. White 运用线性规划来计算从居住地到工作地的交通出行量，而建立最少平均出行成本的数学规划模型②. Pinjari 根据个人偏好，建立效用最大化的居住地选择模型. Arild Vold 建立的数学规划模型应用于挪威奥斯陆并取得了很好的成效，该模型的目标函数为交通效率最大化和环境污染最小化，约束条件为描述城市土地利用和交通的变量控制在一个合理的范围内③. Chang 运用双层规划理论将居住地选择和交通结合起来，研究交通阻抗和区位引力之间的相互作用④. Justin 和 Roger 则利用双层规划理论建立了居住地选址的京族网络平衡模型⑤. David Boyce 利用双层规划优化了拥堵路往下的居住区分布和路段收费⑥.

居住地选择的数学规划模型一般以最小成本或最大利益为目标函数，此类模型具有目标明确、预测性强、操作简单、应用广泛的特点，但是在实际应用中，居住地选择是一个复杂的过程，其所需要考虑的因素过多，使得在建模过程中必须对大量条件进行简化，从而降低了选择结果的可信度.

3）基于随机效用理论的离散选择模型

自 20 世纪 50 年代，西方学者开始研究城市居民选择居住地的行为，而 McFadden 与 Domencich 在 20 世纪 70 年代建立了基于随机效用理论的离散选择模型，通过个人或家庭行为效用最大化来研究交通和活动选址之间的相互关系.

Vega 假定就业地固定，建立了居住地与就业地之间交通选择的随机效用

①　M Bravo, L Briceno, R Cominetti, et al. An integrated behavioral model of the land-use and transport systems with network congestion and location externalities［J］. Transportation Research Part B：Methodological, 2010, 44（4）：584 – 596.

②　M J White. Urban commuting journeys are not "wasteful"［J］. Journal of Political Economy, 1998, 196：1097 – 1110.

③　V Arild. Optimal land use and transport planning for the Greater Oslo Area［J］. Tramsportation Research Part A：Policy and Practice, 2005, 39（6）：548 – 565.

④　J S Chang, R L Mackett. A bi-level model of the relationship between transport and residential location［J］. Transportation Research Part B：Methodological, 2006, 40（2）：123 – 146.

⑤　S C Justion, L M Roger. A bi-level model of the relationship between transport and residential location［J］. Transportation Research Part B：Methodological, 2006, 40（2）：132 – 146.

⑥　D E Boyce, L G Matsson. Modeling residential location in relation to housing location and road tolls on congested urban highway networks［J］. Transportation Research Part B：Methodological, 1999, 33：581 – 591.

模型①. Mokhtarian 对比了各种环境假设下的随机效用模型，总结出了该模型的使用条件②. Martinez③ 建立了房地产市场静态均衡过程的随机效用模型. Earnhart④ 根据居民的个人偏好，建立了居住地与就业地之间相互关系的随机效用模型. Lerman⑤ 把居住地、车辆拥有水平和就业地联合起来建立了 Logit 选择模型. 嵌套 Logit 模型建立在 Logit 模型的基础上，将居住地选择和交通方式选择结合起来，通过效用函数衡量决策者的选择结果⑥. 文献［14，38，41］又在嵌套 Logit 模型的基础上建立了混合多元选择模型，该模型分别对每种选择元建立其相应的子模型，然后将不同的决策变量连为一体，应用该随机条件对居住地进行选择.

　　基于随机效用理论的离散选择模型可将多个居住地选择的决策因素作为自变量，能够有效地反映区位特征、个体特征和个体差异，该模型的逻辑性、解释性和可移植性都较好，应用范围广泛. 但该模型框架中未明确描述出土地利用和交通之间的相互作用.

　　4）竞租模型

　　20 世纪 60 年代，城市空间经济学派以 Alonso 和 Vingo 为代表，引入区位边际收益与均衡等理论，使用竞租函数曲线（bid price curves）描述地价与距离之间的关系. 竞价函数是指如果某社会是通过价格机制对土地利用进行调节，那么该城市的土地应该由支付最高租金的人使用，同时，每个竞租者根据其支付租金所能获取的最大收益来决定是否愿意支付最高租金. 这样就会造成竞租者按

　　①　杨丽，李光耀. 城市仿真应用工具 Vega 软件教程［M］. 上海：同济大学出版社，2007.

　　②　P L Mokhtarian，X Cao. Examining the impacts of residential self-selection on travel behavior：A focus on methodologies［J］. Transportation Research Part B：Methodological，2008，42（3）：204 – 228.

　　③　D Earnhart. Combining revealed and stated data to examine housing decision using discrete choice analysis［J］. Journal of Urban Economics，2002，51（1）：143 – 169.

　　④　F J Martinez，R Henriquez. A random bidding and supply land use equilibrium model［J］. Transportation Research Part B：Methodological，2007，41（6）：632 – 651.

　　⑤　S R Lerman . Location，housing，automobile ownership and mode to work：A joint choice model［J］. Transportation Research Record，1976，610：6 – 11.

　　⑥　A Daly. Estimating choice models containing attaction variables［J］. Transportation Research Part B，1982，16：5 – 15.

照支付租金能力由强到弱，依次获得距离市中心由近到远的土地的使用权①.

Muth 和 Mills 在 Alonso 竞租模型的基础上，改进了单中心城市模型，提出了居住区选择与交通费用之间的均衡关系（trade-off），即城市人口通过对居住成本和交通费用的均衡来选择居住区②. Lee、Blackley 和 Gross 对竞租模型进行了实证应用③.

竞租模型通过竞价获得理想居住地，竞价机制与家庭居住地决策行为一致，然而在土地利用和交通之间很难建立明确的函数关系.

2. 实证模型研究——交通与土地利用一体化模型

实证模型研究是将理论模型应用于实践之中，为理论模型的研究、发展和改进提供了现实依据与佐证. 国外学者对实证模型的研究起步较早，最早可追溯到 Lowry 模型，经过几十年的努力，逐步发展为城市交通和土地利用一体化模型，主要包含空间相互作用模型、数学规划模型、城市经济学方法模型和微观模拟模型四个方面. 国外一些经典的交通和土地利用一体化模型见表 1-1. 国外交通与土地利用一体化模型研究的基本框架如图 1-2 所示④.

表 1-1　国外经典城市交通和土地利用一体化模型

模型类型	代表人物	模型名称	模型描述
空间相互作用模型	Lowry	LOWRY	人口、就业空间分布模型和土地利用整合
	Putuman	DRAM	非集计居住分配模型
		EMPL	就业分配模型
		ITLUP	在 DRAM 和 EMPL 之间建立互动反馈机制
	Watterson	PSCOG	将 DRAM 和 EMPL 应用于 UTIPS
	De La Barra	TRANUS	以加尔卡斯市为例的交通土地利用模型
	Echenique、Hunt 和 Simands	MEPLAN	建立住房价格和交通费用间的"地租函数"

---

① W Alonso. Location and land use：Toward a general theory of land rent ［M］. Harvard University Press，Cambridge，1964.

② E S Mills. An aggregative model of resource allocation in a metropolitan area ［J］. A-merican Economic Review，1967，57：197–210.

③ D Gross. Estimating willingness to pay for housing characteristics：an application of the Ellickson bid rent model ［J］. Journal of Urban Economics，1988，24：95–112.

④ 李霞. 城市通勤交通与居住就业空间分布关系–模型与方法研究 ［D］. 北京：北京交通大学，2010.

续表

模型类型	代表人物	模型名称	模型描述
数学规划模型	Paul	MARS	交通与活动再选址模型
	Prastacos 和 Caindec	POLUS	以空间集聚经济理论、消费者剩余理论、熵最大化理论揭示交通和土地利用之间的关系
	Brotchie、Dickey 和 Sharpe	TOPAZ	建立一系列反映居住、就业等关系的数学方程及线性规划约束条件
城市经济学模型	Oppenhaim	LEAAM	基于 Logit 的均衡活动分布模型
	James 和 Kim	LUTE	在 Mills 的城市系统模型基础上，将环境因素考虑进去，建立了土地利用、交通与环境的一体化模型
	Kin	KIM	提出解决交通和区位活动供需关系方法
微观模拟模型	Mackatt	MASTER	基于家庭选择行为的居住地就业与交通间的微观模拟模型
	Kain 和 Apgar	HUDS	建立个人交通行为与居住地选址关系模型
	Paul	UrbanSim	土地利用和交通动态模拟模型

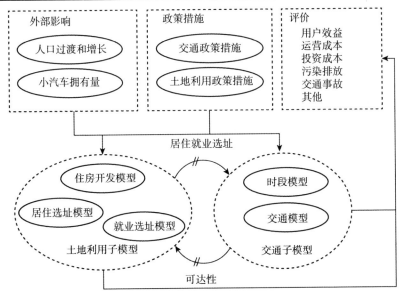

图 1-2　国外交通与土地利用一体化模型研究的基本框架

由图 1－2 可知，该类模型的研究内容主要包含建立外部因素影响下的交通和居住地、就业地选址模型，及评价各种不同的交通和土地利用的政策措施．

1.2.2 国内研究现状分析

在 20 世纪 80 年代，国内学者开始关注城市土地利用与交通之间关系的研究．到了 21 世纪，随着我国城市化进程加快，城市交通问题日益严重，国内学者才开始重视并逐渐深入研究二者之间的关系．

1．理论模型研究

我国在理论方面的研究还以引入和学习国外为主，仍处于起步阶段．陆大道[1]在 20 世纪 80 年代提出的点轴系统理论，为国内城市土地利用和交通关系的研究注入了新的活力．范炳权等[2]通过总结发达国家土地利用和交通关系的研究，提倡我国学者重视对该领域的研究．

王殿海建立的开发区土地利用和交通规划的互馈模型奠定了今后定量研究的基础[3]．李泳分析了城市土地利用与交通的循环反馈关系，阐述了在交通规划中进行城市活动系统分析的重要性[4]．田继敏借助投入与产出的关系、连续逼近法建立了基于货运、城市人口工作出行及购物出行的交通影响评价模型[5]．

为提高交通需求预测精度，杨明建立了两步式土地利用与交通需求关系模型[6]．陆建通过分析认为城市中，交通方式决定了出行距离，而出行距离又决定了该城市的形态、规模及居住地分布，故交通方式是影响城市土地利用

---

① 陆大道. 地理学发展方略和理论建设 世纪之初的回顾与展望 ［M］. 北京：商务印书馆，2004.

② 范炳全，张艳平. 城市土地利用和交通综合规划研究的进展 ［J］. 系统工程，1993，11（2）：1－5.

③ 王殿海. 开发区土地利用与交通规划模型研究 ［D］. 北京：北京交通大学，1995.

④ 李泳. 高级宏观经济学十讲 ［M］. 北京：中国政法大学出版社，2018.

⑤ 田继敏，赵纯均，黄京炜，等. 城市土地利用规划的交通影响评价建模研究 ［J］. 中国管理科学，1998，6（3）：16－26.

⑥ 张邻. 城市交通与居住地之间关系 ［D］. 北京：北京交通大学，2010.

和空间结构的重要因素①. 陈新分析了城市土地利用与交通网络之间的互动关系，并阐述了多中心城市的交通网络布局②. 杨敏与卢建锋均建立了面向城市新区的交通生成预测模型，前者利用回程比例平衡居住地的交通产生量和吸引量，后者通过统计回归，二者都体现了不同区位的土地特征对交通吸引量的影响③. 陈锋建立了轨道交通对房地产增值的预评估模型，为城市土地利用和轨道交通相互关系的研究提供参考依据④. 杨励雅通过分析国内实例，构建城市土地利用形态与交通结构的非线性组合优化模型，并评价了二者的协调关系⑤. 张邻利用 Nash 均衡理论⑥，通过建立城市居住地选择的谈判机制博弈模型强调了城市交通与居住地选择的相互作用.

2. 实证模型研究

由于原始资本积累的本质及社会性质与西方资本主义国家不同，我国城市独具特色的转型、变迁与西方城市相比，虽有一些相似之处，但也存在较大差异（如土地利用半市场化、人口密度大、城市化进程快等）. 因此，国外的大多数研究成果无法照搬到我国来使用，这就促使国内研究者开发适合我国国情的城市土地利用和交通之间相互关系的实证模型研究.

邓毛颖以广州、南京等城市为例，建立了城市土地利用与居民出行之间相互关系的多元回归模型，该模型说明一个城市居民出行的空间分布反映了该城市的土地利用的空间分布特征⑦. 周素红等以广州为例，分析了城市外部形态和内部结构分别与交通需求之间的相互关系，说明了影响城市居住 - 就

①　陆建，王炜. 城市居民出行时耗特征分析研究［J］. 公路交通科技，2004，21（10）：102 - 104.

②　陈新. 城市用地形态与城市交通布局模式研究［J］. 经济经纬，2005，4（3）：64 - 67.

③　卢建锋. 城市新区交通生成预测模型［J］. 广东工业大学学报，2008，25（4）：98 - 100.

④　陈峰，吴奇兵. 轨道交通对房地产增值的定量研究［J］. 城市轨道交通研究，2006，3：12 - 17.

⑤　杨敏，王炜，陈学武，等. 基于 DEIAHP 方法的大运量快速交通方式选择决策［J］. 公路交通科技，2006，23（7）：111 - 115.

⑥　张邻. 足音泰山 泰山的人文历史［M］. 上海科技技术文献出版社，2011.

⑦　邓毛颖. 适应与创新 城乡规划思考与实践［M］. 广州：华南理工大学出版社，2016.

业空间分布特征的四个主要因素分别为：历史因素、政府因素、市场因素与社会因素，并发现城市居民直线交通距离与其居住区的人口密度和服务设施完备性成负相关，与居民本身的社会属性关系不大，而与其所处居住区的土地利用特征正相关①.

顾翠红通过对上海第二、第三产业的就业和居住空间分布进行分析，认为上海的居住就业分离问题较为严重，并由此引发了一系列的社会和经济问题②. 孙斌栋利用就业 – 居住偏离指数分析了上海的居住就业平衡对交通出行产生的影响③.

李峥嵘等以大连为例，发现城市中近郊区的居民就业地普遍指向CBD④.

李强以北京为例，发现如果就业居住空间错位，城市交通会愈加拥堵，城市居民的出行时间与距离也会加长⑤. 宋金平等以北京为例，发现如果就业居住空间不平衡，会增加城市低收入人口的交通时间和交通费用，进而引起交通拥堵和社会隔离等一系列问题⑥.

刘灿齐分析了就近居住补贴政策可以缓解我国城市因就业居住空间分布失衡而引起的交通拥堵问题⑦. 赵延峰等引入空间格局分析法，分析了我国城市发展过程中形成的一些典型用地格局与城市居民出行特征之间的相互关系.

3. 总结

总之，国内对于土地利用与交通之间相互关系的研究仍处于起步阶段，一方面集中在引进国外相关理论和方法，另一方面集中在对土地利用和交通之间相互关系的定性分析和判断上. 对二者相互关系的定量研究较薄弱，尤

① 周素红，闫小培. 基于居民通勤行为分析的城市空间解读——以广州市典型街区为案例 [J]. 地理学报，2006，2：179 – 189.

② 顾翠红，魏清泉. 上海市职住分离情况定量分析 [J]. 规划广角，2008，24（6）：57 – 62.

③ 孙斌栋. 我国特大城市交通发展的空间战略研究 以上海为例 [M]. 南京：南京大学出版社，2009.

④ 李峥嵘. 司空不见惯 [M]. 北京：中国工人出版社，2020.

⑤ 李强. 城乡接合部 [M]. 北京：首都经济贸易大学出版社，2018.

⑥ 宋金平，于萍，王永明. 世界旅游城市建设的理论与实践 [M]. 南京：东南大学出版社，2015.

⑦ 刘灿齐. 就近居住补贴交通需求管理策略及其模型 [J]. 交通与计算机，2006，24（4）：9 – 12.

其在个人居住地选择模型的微观研究上有所欠缺，这就造成了在实践应用中的指导作用较差. 故，借鉴西方经验，立足本国实际，建立适合我国国情的土地利用与交通之间相互关系的模型是一项非常有意义的研究工作.

1.3　城市土地的研究方法

1.3.1　研究方法

本书运用了交通工程①、模糊数学、最优化理论与应用、概率论与数理统计、Lingo、Matlab 等相关领域的知识，采用理论与实践、宏观与微观、定性与定量、实际与假设、时间与空间、理想与现实相结合的方法对城市家庭居住地选择模型进行研究.

在理论研究方面，着重从微观角度出发，以定量模拟手段为主，兼顾空间与时间分布，以理想为目标，现实为约束，建立城市家庭居住地选择模型. 结合实际，利用定性分析手段与统计数据，设计模型相应算法.

在实证研究方面，一方面以西安市为例，对本书所构建的模型及算法进行验证. 另一方面构建虚拟算例，对城市家庭居住地选择与交通之间的相互关系进行分析.

1.3.2　技术路线

本书的技术路线图如图 1 - 3 所示.

（1）运用模糊数学理论，建立预测城市家庭居住地选择的模糊多目标优化模型，研究城市家庭居住地选址规律. 利用经验函数、隶属度函数、min-max 法进行求解，并分析了城市地面上道路状况的改善对不同收入阶层的城市家庭选择居住地的影响.

（2）运用模糊数学与最优化理论，建立含轨道交通和公交专用道的城市中，预测家庭居住地选择的模糊三目标优化模型，借助不确定性理论、隶属

---

① 陈宽民，严宝杰. 道路通行能力分析下［M］. 北京：人民交通出版社，2003.

13

度函数、加权系数法与非支配集进行求解，分析了城市地面上道路状况的改善、增设轨道交通线路、设立公交专用道与居住地房价之间的关系，及对不同收入阶层的城市家庭选择居住地的影响.

（3）运用线性优化方法，同时考虑了工作日出行与节假日出行两种情况，建立了基于交通时间的线性规划模型，研究家庭的居住地选址的规律. 利用枚举法、权重系数法求解，并分析了交通时间对不同收入阶层的城市家庭选择居住地的影响.

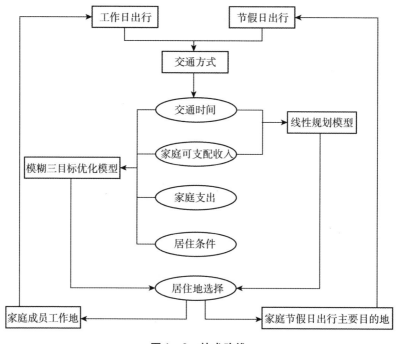

图 1-3　技术路线

1.4　城市发展的最新研究

1.4.1　研究思路

首先，通过对我国城市发展现状与特点的分析，及对国内外城市土地利用与交通相互关系的研究现状的跟进，确定本书的研究目标为借鉴西方经验，立足本国实际，通过研究城市家庭的居住地选择模型来研究适合我国国情的城市土地利用和交通之间的关系，为城市土地利用和交通决策提供理论依据．其次，通过建立城市家庭居住地选择的模糊多目标优化模型，研究城市家庭居住地选址规律，并分析了城市地面上道路状况的改善对不同收入阶层的城市家庭选择居住地的影响．再次，建立含轨道交通和公交专用道的城市中，家庭居住地选择的模糊三目标优化模型，并分析了城市地面上道路状况的改善、增设轨道交通线路、设立公交专用道与居住地房价之间的关系，及对不同收入阶层的城市家庭选择居住地的影响．最后，通过建立基于工作日与节假日出行交通时间的城市家庭居住地选择的线性规划模型，建立了描述城市交通与居住地空间分布互动关系的微观模型，分析各种不同收入阶层的城市家庭选择居住地的特点．

本书的研究思路如图 1 - 4 所示．

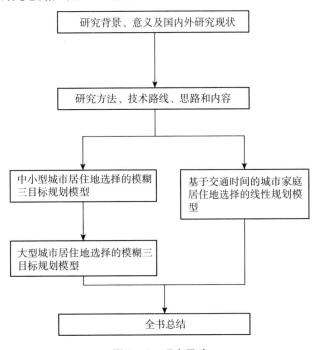

图 1 - 4　研究思路

1.4.2　技术内容

本书立足我国国情，依据我国城市发展现状与特点，研究城市家庭居住地选择与交通之间相互关系的理论与方法. 全书分为如下 4 章.

第 1 章介绍了城市居住地选择和交通之间相互关系模型的研究背景及意义, 介绍了国内外关于城市家庭居住地选择的模型的研究现状, 提出本书的研究方法、技术路线、研究思路及研究内容. 因本书所涉及的符号过多, 为了增强本书的可读性, 特在第 1 章中对本书一些常用符号进行列举说明.

第 2 章建立模糊三目标优化模型模拟中小型城市家庭选择居住地的实际情况. 该模型用家庭人均单趟通勤时间（包含六种通勤方式）、家庭月家庭支出（包含月平均房屋购置费、月物业管理费、月家庭生活费、月广义交通费用）和居住条件作为家庭选择居住地的标准. 其次, 引入不确定分布函数及隶属度函数来描述模糊数据, 并设计了一种简单有效的算法来求解. 通过对 65 个更改居住地的家庭使用本章所建立的模型与算法, 预测其可能选择的居住地, 并与这些家庭的实际选择结果相对比, 以验证本章所提出模型与算法的有效性与预测准确性. 最后, 通过一个模拟算例研究城市道路状况的改善对城市家庭选择居住地的影响.

第 3 章首先针对设立公交专用道且已铺设轨道交通的大城市, 建立了城市家庭选择居住地的模糊三目标最优化模型. 三个目标函数分别为: 最少的月必要家庭支出（房屋花销、物业管理费、日常花销、交通花销和教育花销之和）、最少的人均单趟通勤时间和最好的居住条件. 其中前两个目标函数为模糊目标. 同时, 该模型包含三个确定型约束: 月家庭支出（月必要家庭支出与月偏好家庭支出之和）不高于月家庭可支配收入（MDI, monthly disposable income）, 贷款购房家庭的房屋月供不高于月家庭可支配收入的固定比例, 且人均单趟通勤时间不高于最长通勤时间. 除此之外, 该模型还含有一个模糊约束: 月家庭支出尽可能不高于家庭预算. 其次, 通过不确定经验函数和隶属度函数, 将该模型转换为多目标规划（MOM, multi objective methodology）. 再次, 设计了一个求解 MOM 的算法. 最后, 利用本章所提出的模型和算法进行了两个数值实验. 第一个实验为实例, 将本模型计算结果与文献［12，34，45，51］的计算结果及实际结果进行比较, 验证了本章所提出模型与算法的有效性与可行性. 第二个实验为模拟算例, 以说明城市地面上道路状况的改善、增设轨道交通线路以及设立公交专用道, 对城市居住地的选择产生的影响.

前两章所建立的模型是建立在工作日交通出行的基础之上的，而在实际生活中，城市居民出行分两种，一种是工作日出行（如上班、上学等），大约占居民日常出行的70%；另一种是节假日出行（例如购物、社交、探亲访友等），大约占居民日常出行的30%. 第4章建立了基于交通时间的线性规划来实现城市居住家庭对其居住地的选择. 该模型的目标函数为交通时间，其包含了工作日与节假日的交通时间，从而提高了交通时间的计算准确性. 该模型包含两个约束，分别为房屋居住成本不高于家庭居住支付能力及工作日的交通时间不高于家庭可容忍最长交通时间. 基于该模型的特殊性，本书采用枚举法对该模型进行求解. 最后，通过算例验证了本书所建立模型与算法的有效性.

鉴于本书使用了大量的符号与假设，特将其一一罗列，以便阅读.

$b^{ij} = 0$：家庭 F_i 选择租房；$b^{ij} = 1$：家庭 F_i 选择购房.

$D^1 = \{D_n^2 \mid n = 1, 2, \cdots, N_1\}$：所有家庭的工作日目的地所组成的集合.

$D^2 = \{D_n^2 \mid n = 1, 2, \cdots, N_2\}$：所有家庭的节假日目的地所组成的集合.

$D_{il} \in D^1$：f_{il} 的工作地.

d^{il}：f_{il} 每月的工作天数.

F_i（$i = 1, 2, \cdots, I$）：有意向更改居住地的家庭.

$F = \{F_i \mid i = 1, 2, \cdots, I\}$.

$F^1 \in F$：高收入家庭集.

$F^2 \in F$：中等收入家庭集.

$F^3 \in F$：低收入家庭集.

f_{il}（$l = 1, 2, \cdots, L$）：F_i 的第 i 位家庭成员.

$h^{\min} = \min \{h^j \mid j = 1, 2, \cdots, J\}$，$h^{\max} = \max \{h^j \mid j = 1, 2, \cdots, J\}$.

h^j：居住地 O_j 的房价.

$\overline{h}$：集合 $\{h^j \mid j = 1, 2, \cdots, J\}$ 的中位点的值.

$k = 1, 2, \cdots, 8$：依次表示步行、自行车、电动车、摩托车、公交、自驾（包含出租车）、搭顺车和地铁8种出行方式.

M_i：F_i 的家庭月花销.

M_n^{ij}：当 F_i 选择居住在 O_j 的月家庭基本花销.

M_p^{ij}：当 F_i 选择居住在 O_j 的月家庭偏好花销.

M_c^i：F_i 的月平均家庭车辆花销.

M_d^i：F_i 的月平均家庭享乐花销.

M_e^i：F_i 的月平均家庭教育花销.

M_h^{ij}：当 F_i 选择居住在 O_j 的月平均家庭房屋花销.

m_l^{ij}：当 F_i 选择居住在 O_j 的月平均家庭生活花销.

m_m^{ij}：当 F_i 选择居住在 O_j 的月平均家庭物业管理费.

m_t^{ij}：当 F_i 选择居住在 O_j 的月平均家庭交通花销.

$O = \{O_j \mid j = 1, 2, \cdots, J\}$：所有有房屋待出售或出租的居住地所组成的集合.

o^{ilk} $(k = 4, 6)$：分别是当 f_{il} 选择骑摩托车或驾车出行时的每千米油耗.

o^p：当前油价.

p_{ilj}：当 f_{il} 居住在 O_j 时的工作日出行的交通路线.

R^1：城市中所有地面上道路所组成的集合，且假设每两个十字路口之间为一条道路.

R^2：城市中所有轨道交通道路所组成的集合，且假设每两个轨道交通站之间为一条道路.

S_i：F_i 的家庭月可支配收入.

s_{r1}：地面上道路 $r^1 \in R^1$ 的长度.

s_{r2}：轨道交通道路 $r^2 \in R^2$ 的长度

T_i：F_i 的家庭人均单趟通勤时间.

$T_i^{\max}$：F_i 的最长家庭人均单趟通勤时间.

t_{il}^1：f_{il} 的工作日单趟通勤时间.

t_{il}^2：f_{il} 的节假日单趟通勤时间.

t_e^{ilj}：当 F_i 在 O_j 居住时，f_{il} 从居住地大门到目的地大门的通勤时间.

t_d^{ilj}：f_{il} 从工作地大门到工作地的通勤时间.

v_{r1}^k $(k = 1, 2, \cdots, 7)$：第 k 种通勤工具在 $r^1 \in R^1$ 上的通勤速度.

$v_{r^2}^8$：在 $r^2 \in R^2$ 上轨道交通的通勤速度.

Z_i：F_i 的居住舒适度.

$\tilde{\beta}_i \in \left[\tilde{0} , \tilde{1} \right]$：$F_i$ 的家庭月支出预算.

$\delta^{ilk} = 1$ （$k = 1,2,\cdots,8$）：f_{il} 选择第 k 种通勤方式出行；否则，$\delta^{ilk} = 0$.

$\theta_{r^1}^{ilk} = 1$ （$k = 1,2,\cdots,7$）：f_{il} 在 $r^1 \in R^1$ 上选择第 k 种通勤方式出行；否则，$\theta_{r^1}^{ilk} = 0$.

$\theta_{r^2}^{il8} = 1$：f_{il} 在 $r^2 \in R^2$ 上选择轨道交通出行；否则，$\theta_{r^2}^{il8} = 0$.

$\zeta^{il5} \in \{0,1,2\}$：$f_{il}$ 的公交换乘次数.

$\zeta^{il8} \in \{0,1,2,3\}$：$f_{il}$ 的轨道交通内部换乘次数.

μ_k^{il} （$k = 1,2,\cdots,8$）：每次通勤时 f_{il} 用于第 k 种通勤方式的花销.

τ_8：在轨道交通的进出站时间.

$\varpi_{r^1}^1$：工作日交通高峰期在地面上道路 $r^1 \in R^1$ 的公交站上公交车的停靠时间.

$\varpi_{r^1}^2$：节假日在地面上道路 $r^1 \in R^1$ 的公交站上公交车的停靠时间.

$\varpi_{r^2}^1$：工作日交通高峰期在道路 $r^2 \in R^2$ 的轨道交通站上轨道交通的停靠时间.

$\varpi_{r^2}^2$ 节假日在道路 $r^2 \in R^2$ 的轨道交通站上轨道交通的停靠时间.

ω_5^1：工作日交通高峰期公交车的等车时间.

ω_5^2：节假日公交车的等车时间.

ω_8^1：工作日交通高峰期轨道交通的等车时间.

ω_8^2：节假日轨道交通的等车时间.

第 2 章　中小城市居住地选择的模糊三目标优化模型

　　《关于调整城市规模划分标准的通知》（国发 2014 第 51 号文件）定义中小城市为市区常住人口在 100 万以下的城市. 2018 年中小城市发展战略研究院等机构联合推出的《中小城市绿皮书》中指出，我国中小城市数量众多，已达到 2 811 个；幅员辽阔，中小城市直接影响和辐射的区域行政区面积达 934 万 km^2，为国土面积的 97.3%；人口众多，约为 11.77 亿，为总人口的 84.67%；经济总量达 70.24 万亿元，占经济总量的 84.92%；聚集了大量的环境、资源和产业等发展要素. 绿皮书专门指出，中小城市已成为我国国民经济的重要力量，成为践行新发展理念的重要载体，成为实现科学发展、高质量发展的主战场. 故对我国中小城市的研究，是具有非常重要的战略意义与现实意义的.

　　城市交通与土地利用之间是一种交互式关系[①]：短期看来这种关系表现为城市土地利用对城市交通的影响，而长期看来这种关系表现为城市交通对城市土地利用形态及空间结构的影响. 故对于城市交通与土地利用之间的关系研究，有利于对土地布局进行调整，进而改变交通需求的空间分布特征、出行强度及流向，从根本上调整交通的基本特征与发展方向，以缓解城市交通拥堵.

　　其中，城市家庭选择其居住地的过程是检验城市交通与土地利用之间关

---

　　①　范炳权，徐亦文，张燕平，等. 土地利用与交通系统研究的理论与模型 [M]. 北京：科学技术文献出版社，1994.

系的重要一环. 对于交通与土地之间的关系的研究已经进行了几个世纪①. 其中, 文献 [34] 提出了双层数学规划模型来获得居民对居住地的选择结果. 其在模型中将交通与居住选择结合起来, 讨论了交通费阻抗和位置引力之间的相互关系. 文献 [45] 建立了城市居住地与交通系统的单目标模糊规划模型. 上述模型考虑了居民选择居住地的三个因素, 并将这些因素全部转换为金钱以建立单目标模糊规划. 基于随机效用最大化的离散模型将居住地选择和旅行者行为结合起来, 建立了 Logit 模型②、嵌套 Logit 模型③和混合多元选择模型④. 上述模型考虑了影响家庭居住地选择的多个选项, 其模型更符合实际中居民选择居住地问题的复杂性、多样性与各选项之间对立性的特点. 在实际中, 双层数学规划难以求解, 单目标规划难以刻画居民选择居住地的因素的多样性与对立性, 而离散模型的选项越多, 选择难度越大.

　　国内对于城市交通与土地利用之间的模型研究处于起步阶段⑤. 其原因在于: (1) 国内研究者主要从宏观层面研究城市土地利用与交通之间的相互作用, 而微观层面的研究较少; (2) 我国土地利用现状与发达国家的差异较大, 国外模型大多不适用于我国国情; (3) 目前, 国内致力于从消费者角度出发, 研究城市交通变化对居住地的选择的影响⑥, 缺乏从城市规划部门与房产开发商角度出发进行的研究. 我国目前正处于城市建设高峰, 需加速研究适合

　　① C R Bhat, S Srinivasan, S Sen. A joint model for the perfect and imperfect substitute goods case: application to activity time-use decisions [J]. Transportation Research Part B: Methodological, 2006, 40 (10): 827 – 850.

　　② S R Lerman . Location, housing, automobile ownership and mode to work: A joint choice model [J]. Transportation Research Record, 1976, 610: 6 – 11.

　　③ J S Chang, R L Mackett. A bi-level model of the relationship between transport and residential location [J]. Transportation Research Part B: Methodological, 2006, 40 (2): 123 – 146.

　　④ J Walker. The mixed logit model: Dispelling the misconceptions of identification [J]. Transportation Research Record, 2002, 1805: 86 – 99.

　　⑤ 裴玉龙, 徐慧智. 基于城市区位势能的路网密度规划方法 [J]. 中国公路学报, 2007, 20 (3): 81 – 85.

　　⑥ L Zhang, W Du, L Y Zhao. OD allocation model and solution algorithm in transportation networks with the capacity [C]. International conference on transportation engineering, American: American Society of Civil Engineers, 2009: 788 – 793.

高密度开发和快速城市化发展的模型，积累本土化研究经验，为土地利用和交通一体化决策提供依据和参考.

城市中的居住用地一般占到其用地的30%左右，而基于居住地的出行一般占到交通出行的70%左右，因此本章通过家庭居住地选择来研究交通与土地利用之间的关系. 鉴于国内外研究现状，本章认为建立模糊多目标优化模型能够更加准确恰当地模拟居民选择居住地的实际情况. 本章的研究背景为国内的中小型城市，这些城市规模较小，城市交通拥堵不甚严重，城市中基本未设置公交专用道，也尚未有轨道交通投入使用. 首先，本章所提出的模型中，以家庭月交通时间（包含6种通勤方式）、家庭月生活成本（包含月平均房屋购置费、月物业管理费、月家庭生活费、月广义交通费用）和小区周边设施的完备性程度作为家庭选择居住地的标准. 其次，引入不确定分布函数及隶属度函数来描述模糊数据，并设计了一种简单有效的算法来求解. 通过对65个更改居住地的家庭使用本章所建立的模型与算法，预测其可能选择的居住地，并与这些家庭的实际选择结果相对比，以验证本章所提出模型与算法的有效性与预测准确性. 最后，通过一个模拟算例研究城市道路状况的改善对城市家庭选择居住地的影响.

2.1 居住地选择的模糊三目标优化模型

当家庭 F_i 有更改居住地的意向时，该家庭会综合考虑当该家庭居住在居住地 $O_j \in O$ 时，工作日家庭人均单趟通勤时间 T_i，月家庭花销 M_i 及家庭居住舒适度 Z_i.

下面讨论如何计算 $\tilde{T}_i$、$\tilde{M}_i$、Z_i 及模型建立.

2.1.1 工作日家庭人均单程通勤时间 T_i

相较于大城市，我国的中小型城市规模较小，人口密度较小，城市交通拥堵不甚严重，绝大多数中小型城市中基本未设置公交专用道，也尚未有轨道交通投入使用. 故本节假设所研究的中小型城市中无公交专用道与轨道交通.

对于家庭 F_i，家庭工作日人均单程通勤时间 T_i 为

$$T_i = \frac{\sum\limits_{f_{il} \in F_i} t_{il}^1}{\sum\limits_{f_{il} \in F_i} 1} \tag{2.1}$$

其中，t_{il}^1 是该家庭中家庭成员 f_{il} 的工作日目的地为 D_{il} 时的单趟通勤时间. t_{il}^1 由 f_{il} 在工作日的通勤方式与通勤路径决定. 在城市中，最常见的通勤方式一般有步行、自行车、电动车、摩托车、公交、自驾（包含出租车）与搭顺车 7 种方式，$k = 1, 2, \cdots, 7$ 依次表示上述七种出行方式，δ_{ilk}（$k = 1, 2, \cdots, 7$）表示 f_{il} 在工作日的通勤中是否选择了第 k 种通勤方式，如果采用了第 k 种通勤方式，则 $\delta_{ilk} = 1$，否则，$\delta_{ilk} = 0$. 一般情况下，当家庭居住地固定时，在工作日每一位家庭成员 f_{il} 会沿着同一通勤路径 p_{ilj}，采用同一通勤方式，在上下班高峰期往返. 故本章假设在上下班高峰期，每人的单趟通勤时间是近似相等的.

首先，假设选择公交通勤的家庭成员，会选择到目的地有直达或者最多换乘两次的公交线路. 其次，为了方便计算，本章在计算家庭成员的通勤时间时，默认通勤方式的换乘最多两次. 最后，步行、自行车、电动车和摩托车的通勤方式是有限制的. 一般而言，在不考虑锻炼身体的情况下，人们选择通勤方式时，步行距离为 $0 \sim 1$ km，自行车出行距离为 $0 \sim 2$ km，电动车出行距离为 $0 \sim 5$ km，摩托车出行距离为 $0 \sim 20$ km.

假设城市道路 R^1 由交叉口进行分割，且假设每条道路末端的交叉路口均设有交通信号灯及公交站. 在同一时间，公交、自驾与搭顺车出行，其在同一条道路上的驾驶时间是相同的，均由道路长度及其车流量决定. 则每个人在同一时间通过同一交叉路口的时间基本也是一致的，与放行量有关. 除此之外，公交车有等车时间与车辆进出站时间. 等车时间，根据各个城市的政策，不同时间段的等车时间是相对确定的，近似等于发车间隔时间. 而公交车进出站时间也是相对确定的，但是总进出站时间却因途经站点个数的不同而不同.

由上述分析，可知 t_{il}^1 可描述为

$$t_{il}^1 = \omega_5^1 \delta^{il5} + \sum_{r^1 \in p_{ilj}} \sum_{k=1}^{7} \left[\left(\frac{s_{r^1}}{v_{r^1}^k} + \tau_{r^1}^k \right) \delta^{ilk} + \varpi_{r^1}^1 \theta_{r^1}^{il5} \right] \tag{2.2}$$

其中，ω_5^1 为工作日在交通高峰期等待公交的时间；$\tau_{r^1}^k$ 表示 f_{il} 采用第 k 种通勤方式时经过 $r^1 \in R^1$ 末端交叉口的时间；s_{r^1} 为地面上道路 $r^1 \in R^1$ 的长度；$v_{r^1}^k$ 为第 k 种通勤方式通过道路 $r^1 \in R^1$ 的速度；$\varpi_{r^1}^1$ 为工作日在交通高峰期在地面上道路 $r^1 \in R^1$ 的公交站上公交车的停靠时间；$\theta_{r^1}^{il5}$ 为 f_{il} 在道路 $r^1 \in R^1$ 上是否乘坐公交车，如果乘坐，则 $\theta_{r^1}^{il5} = 1$，否则，$\theta_{r^1}^{il5} = 0$.

由式（2.1）和式（2.2）可得，家庭 F_i 的工作日人均单程通勤时间 T_i 为

$$T_i = \frac{\sum_{f_{il} \in F_i} \omega_5^1 \delta^{il5} + \sum_{r^1 \in p_{ilj}} \sum_{k=1}^{7} \left[\left(\frac{s_{r^1}}{v_{r^1}^k} + \tau_{r^1}^k \right) \delta^{ilk} + \varpi_{r^1}^1 \theta_{r^1}^{il5} \right]}{\sum_{f_{il} \in F_i} 1} \tag{2.3}$$

2.1.2　月家庭花销 M_i

如果 F_i 居住在 O_j，月家庭花销 M_i 由月家庭平均房屋花销 m_h^{ij}、月家庭平均物业管理费 m_m^{ij}、月家庭平均生活花销 m_l^{ij} 及月家庭平均交通花销 m_t^{ij} 组成，即

$$M_i = m_h^{ij} + m_m^{ij} + m_l^{ij} + m_t^{ij} \tag{2.4}$$

m_h^{ij} 为月家庭平均房屋花销. 本章的研究背景为我国的中小型城市，房价较大城市来说较低，故对于租房家庭与购房家庭不予以区分，均按购房家庭计算. 随着社会经济的发展，国内的大多数购房家庭会选择按揭购房，故本书假设所有家庭均为按揭购房. 此种情况下，家庭需在购房时一次性支付首付款并每月支付月供. 假设每个家庭按照最少首付比例支付首付，剩余房款按可贷款的最长年限按揭贷款，则每月的还款金额为月平均房屋购置费. 故月家庭平均房屋花销 m_h^{ij} 为月供.

m_m^{ij} 为月家庭平均物业管理费. 对于不同居住地的不同房屋，m_m^{ij} 是不相同的，与房屋面积、楼层及居住区的服务水平密切相关.

m_l^{ij} 为月家庭平均生活花销，其由家庭成员的人数、居住地附近的物价水平、该城市物价水平以及家庭可支配收入决定. 对于不同的家庭，m_l^{ij} 是不一样的.

m_t^{ij} 为月家庭平均交通花销，其由通勤方式和通勤路径决定. 如果人们选择步行或搭顺车出行，他（她）的交通花销为 0. 除此之外，如果人们选择自行车、电动车或摩托车出行，由于其月交通花销较少，故本书忽略不计. 上由述可知，m_t^{ij} 为

$$m_t^{ij} = \sum_{f_{il} \in F_i} 2d^{il} \lambda^{il} \mid \delta_{il1} + \delta_{il2} + \delta_{il3} + \delta_{il4} + \delta_{il7} - 1 \mid (\mu_5^{il} \delta_{il5} + \mu_6^{il} \delta_{il6}) \quad (2.5)$$

其中，μ_5^{il} 为 f_{il} 在工作日的单趟公交费用，由公交车票价决定. 现国内大部分城市公共交通以无人售票为主，根据城市不同，所制定的政策不同，而票价不同. μ_6^{il} 为 f_{il} 工作日交通高峰期自驾出行时的平均单趟油费，由通勤路径长度与单位油价决定，即 $\mu_6^{il} = \sum_{r^l \in p_{ilj}} \theta_{r^l}^{il6} (s_{r^l} o^{il6} o^p)$，$o^{il6}$ 为自驾行驶每千米油耗，o^p 为当前油价.

2.1.3　家庭居住舒适度 Z_i

用 Z_i 表示家庭居住舒适度. 通常情况下，家庭在选择居住地之前，会对每一个备选居住地的居住舒适度进行一个综合评估. 比如，人们会关心该居住地的绿化面积、公共设施、安全设施、物业管理的服务水平、交通便利性，也会关注该居住地周边是否有幼儿园、小学、菜市场、医院、公园、大型购物中心等配套设施.

毫无疑问，房屋价格是由土地价格以及房屋结构所决定的. 土地价格是由土地面积、环境、位置、地形、交通便利性等共同决定的，而房屋结构由房屋质量、楼层、采光、朝向等共同决定.《物业服务收费管理办法》（发改价格［2003］1864 号）中第十一条规定物业服务成本或者物业服务支出包括物业共用部位、共用设施设备的日常运行、维护费用，物业管理区域清洁卫生费用，物业管理区域绿化养护费用，物业管理区域秩序维护费用等. 由上述分析可知，家庭居住舒适度与房屋价格以及物业管理费 m_m^{ij} 成正比，即房屋价格或物业管理费用越高，该居住地越适宜居住. 本章假设所有家庭均采取按揭购房，房价越高，月家庭平均房屋花销 m_h^{ij} 越高. 故对于居住地 O_j，有

$$Z_i = Z_{ij}^m + Z_{ij}^h \quad (2.6)$$

其中，有

$$Z_{ij}^{h} = \frac{h_j - h^{\min}}{h^{\max} - h^{\min}} \qquad (2.7)$$

$$Z_{ij}^{m} = \frac{m_m^{ij} - m_m^{\min}}{m_m^{\max} - m_m^{\min}} \qquad (2.8)$$

其中，$h^{\min} = \min\ \{h_j \mid j = 1, 2, \cdots, J\}$；$h^{\max} = \max\ \{h_j \mid j = 1, 2, \cdots, J\}$；$m_m^{\min} = \min\ \{m_m^{ij} \mid j = 1, 2, \cdots, J\}$；$m_m^{\max} = \max\ \{m_m^{ij} \mid j = 1, 2, \cdots, J\}$.

2.1.4 模型建立

综上所述，对于任意一个家庭来说，其选择居住地的标准为实现家庭人均单程通勤时间与家庭生活成本最小化，家庭居住舒适度最大化. 在实际中，同一时间同一城市中准备更改居住地的家庭不会是唯一的，而每个家庭的居住地选择方案均会对其他家庭的选择产生影响. 例如，当小区对家庭的吸引力增大时，可能引起该小区的交通时间与居住成本的增加. 反之，当小区对家庭的吸引力减小时，可能引起该小区的交通时间与居住成本的减少. 故其模型为模糊多目标优化模型：

$$\min \quad (\tilde{T}_i, \tilde{M}_i, 2 - Z_i)$$

$$\mathrm{s.\,t.} \quad \tilde{M}_i / S_i \leqslant \min\{\tilde{\beta}_i, 1\}$$

$$\tilde{T}_i \leqslant T_{iu} \qquad (2.9)$$

其中，$\tilde{\beta}_i$ 表示家庭每月预算生活费用占家庭月可支配总收入的比例；$\tilde{\beta}_i$ 不是不可改变的，为不确定数据；S_i 表示家庭月可支配总收入.

2.2 模型转换

2.2.1 模糊数据确定化

本节利用不确定分布函数和隶属度函数来将模糊数据确定化.

对于不确定变量 $\tilde{x}$，通过简单随机抽样获得其样本 $\{x_i\}$，并计算其样本分布律 $P\ \{\tilde{x} \leqslant x_i\}\ = p_i$. 则不确定变量 $\tilde{x}$ 的 DUDF（见图 2 - 1）为

$$\varphi(\tilde{x}) = \begin{cases} 0, \tilde{x} < x_1 \\ p_i, x_i \leqslant \tilde{x} < x_{i+1}, 1 \leqslant i \leqslant n-1 \\ 1, \tilde{x} \geqslant x_n \end{cases} \tag{2.10}$$

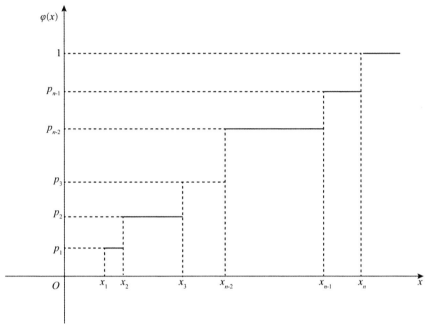

图 2－1　变量 DUDF

则可利用式（2.10）将式（2.9）转换为确定型三目标优化模型.

令 $\{M_b^e, T_b^e\}$（$b \in N$，$e = 1, 2, 3$）为不确定变量 M_i 和 T_i 分别针对城市中高收入家庭（$e = 1$）、中等收入家庭（$e = 2$）和低收入家庭（$e = 3$）的样本. 若 $F_i \in F^e$（$e = 1, 2, 3$），$M_{\max}^e = \max\{M_b^e \mid b \in N\}$，$p_i = P\{\tilde{M}_i \leqslant m_i\}$，则有

$$\varphi_M^e(\tilde{M}_i) = \begin{cases} 0, \tilde{M}_i < 0 \\ p_i, m_i \leqslant \tilde{M}_i < m_{i+1} \\ 1, \tilde{M}_i \geqslant \min\{M_{\max}^e, S_i\} \end{cases} \tag{2.11}$$

令 $T_{\max}^e = \max\{T_b^e \mid b \in N\}$，$p_i = P\{\tilde{T}_i \leqslant t_i\}$，则有

$$\varphi_T^e(\tilde{T}_i) = \begin{cases} 0, \tilde{T}_i < 0 \\ p_i, t_i \leq \tilde{T}_i < t_{i+1} \\ 1, \tilde{T}_i \geq \min\{T_{max}^e, T_{iu}\} \end{cases} \qquad (2.12)$$

不确定变量 $\tilde{\beta}_i$ 可通过如下 MF 函数（如图 2 - 2 所示）转换为确定型变量：

$$\varphi_\beta(\tilde{\beta}_i) = \begin{cases} 0, \tilde{M}_i < \tilde{\beta}_i S_i \\ \dfrac{\tilde{M}_i - \tilde{\beta}_i S_i}{S_i - \tilde{\beta}_i S_i}, \tilde{\beta}_i S_i \leq \tilde{M}_i < S_i \\ 1, \tilde{M}_i \geq S_i \end{cases} \qquad (2.13)$$

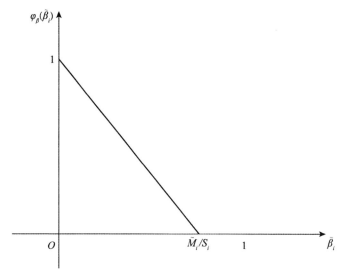

图 2 - 2　MF 函数

2.2.2　模型转换

对于 $F_i \in F^e$，利用式（2.11）~ 式（2.13）可将式（2.9）转换为如下确定型三目标优化模型（MOM）：

$$\min \quad (\varphi_T^e(\tilde{T}_i), \varphi_M^e(\tilde{M}_i), \varphi_\beta(\tilde{\beta}_i), 1 - Z_i/2)$$

$$\text{s.t.} \quad \tilde{M}_i \leq \beta_{max}^e S_i \qquad (2.14)$$

$$\tilde{T}_i \leq T_{iu}$$

其中，$\beta_{\max}^e = \max_{b \in N} \{\beta_b^e\}$.

上述 MOM 式（2.14）为四目标优化模型，其中，由式（2.11）和式（2.13）可知，随着 $\varphi_M^e(\tilde{M}_i)$ 的减小，$\varphi_\beta(\tilde{\beta}_i)$ 减小，故为了求解简单，将式（2.14）简化为

$$\min \quad (\varphi_T^e(\tilde{T}_i), \varphi_M^e(\tilde{M}_i), 1 - Z_i/2)$$

$$\text{s.t.} \quad \tilde{M}_i \leqslant \beta_{\max}^e S_i \qquad\qquad (2.15)$$

$$\tilde{T}_i \leqslant T_{iu}$$

式（2.15）为三目标优化模型，直接求解十分烦琐，故将其进一步转换为单目标优化模型：

$$\max \quad \xi\lambda + (1 - \xi)(\varepsilon_1 \varphi_M^e(\tilde{M}_i) + \varepsilon_2 \varphi_T^e(\tilde{T}_i) + \varepsilon_3(1 - Z_i/2))$$

$$\text{s.t.} \qquad\qquad \lambda \leqslant \varphi_M^e(\tilde{M}_i)$$

$$\lambda \leqslant \varphi_T^e(\tilde{T}_i)$$

$$\lambda \leqslant \varphi_\beta(\tilde{\beta}_i) \qquad\qquad (2.16)$$

$$\lambda \leqslant 1 - Z_i/2$$

$$\tilde{M}_i \leqslant \beta_{\max}^e S_i$$

$$\tilde{T}_i \leqslant T_{iu}$$

$$\lambda, \xi \in [0,1]$$

其中，ε_α（$\alpha = 1, 2, 3$）表示了决策者对第 α 个目标函数的偏好性，均根据实验结果和主观经验给出，且 $\sum_{\alpha=1}^{3} \varepsilon_\alpha = 1$，$\varepsilon_\alpha$（$\alpha = 1, 2, 3$）$> 0$.

2.3　算法设计

家庭选择居住地的模型算法如下：

算法 1：

步骤 1：置各条道路的流量 $f_{r1}^k = 0$，得到 v_{r1}^k.

步骤 2：随机获得一个准备更改居住地的家庭 F_i，得到每一位家庭成员 $f_{il} \in F_i$ 的目的地 D_{il}.

步骤 3：根据家庭及城市状况，得到 μ_5^{il}，μ_6^{il}，ω_5^1，s_{r1}，ϖ_{r1}^1，v_{r1}^k，τ_{r1}^k，m_m^{ij}，λ，ξ，β_i，o^p，h_j 的值.

步骤 4：对于 $\forall O_j \in O$，根据式（2.3）、式（2.5）和式（2.6）分别计算出 $\tilde{T}_i$，$\tilde{M}_i$，Z_i.

步骤 5：根据式（2.11）～式（2.13）计算 $\varphi_M^e(\tilde{M}_i)$，$\varphi_T^e(\tilde{T}_i)$，$\varphi_\beta(\tilde{\beta}_i)$ 的值.

步骤 6：根据 lingo 软件对式（2.16）求解，得到 F_i 的居住地选择小区 O_{opt}，且得到 O_{opt} 到 D_{il} 的最短交通时间路线 p_{ilj}，若 $r^1 \in p_{ilj}$ 且 $\theta_{r1}^{il5} = 1$，则 $f_{r1}^k = f_{r1}^k + 1$，得到 v_{r1}^k.

步骤 7：令 $F = F - F_i$. 如果 $F = \varnothing$，结束；否则，返回步骤 2.

2.4 算例

2.4.1 算例 1

为了验证本章所提出模型计及算法的可行性与有效性，本研究在 2016 年 5 月，在陕西省西安市某区域（该区域尚未有投入使用的轨道交通）针对 200 个准备更改居住地的家庭发放了调查问卷. 图 2–3（来自 google 地图）中标注了该区域所有有房出售或出租的居住区.

两个月后，电话回访所有家庭，其中有 65 个家庭在该区域内变更了居住地. 表 2–4 列举了每个家庭的家庭成员目的地，计算所得居住地及实际选择居住地.

因为西安市在 2015 年的城市居民人均可支配收入为 33 188 元（西安市统计局发布的《西安市 2015 年国民经济和社会发展统计公报》），本例通过 MDI 将这 65 个家庭分为高收入家庭、中等收入家庭和低收入家庭.

高收入家庭：MDI 超过 15 000 元.

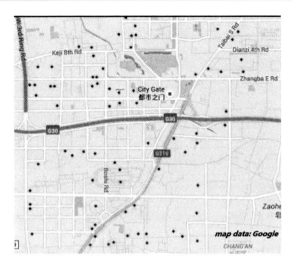

图 2 - 3 陕西省西安市居住区地图

中等收入家庭：MDI 介于 5 000 元与 15 000 元之间.

低收入家庭：MDI 低于 5 000 元.

本例将 200 个被调研的家庭作为样本，计算出西安市的 DUDF 函数，见表 2 - 1 和表 2 - 2.

表 2 - 1 $\tilde{M}_i(O_j)$ 的 DUDF

高收入家庭		中等收入家庭		低收入家庭	
x/元	$\varphi_M^1(\tilde{x})$	x/元	$\varphi_M^2(\tilde{x})$	x/元	$\varphi_M^3(\tilde{x})$
≥21 000	1	≥15 000	1	≥5 000	1
20 000	0.952 4	14 000	0.983 6	4 000	0.75
19 000	0.904 8	13 000	0.967 2	3 000	0.583 3
18 000	0.857 1	12 000	0.950 8	2 000	0.25
17 000	0.809 5	11 000	0.934 4	≤1 000	0.083 3
16 000	0.761 9	10 000	0.918 0		
15 000	0.714 3	9 000	0.852 5		
14 000	0.666 7	8 000	0.836 1		
13 000	0.619 0	7 000	0.737 7		
12 000	0.571 4	6 000	0.655 7		
11 000	0.523 8	5 000	0.557 4		
10 000	0.476 2	4 000	0.409 8		
9 000	0.333 3	3 000	0.163 9		
8 000	0.285 7	2 000	0.095 2		
7 000	0.142 9	≤1 000	0		
6 000	0.095 2				
≤5 000	0				

表 2 - 2 $\tilde{T}_i$（O_j）的 DUDF

高收入家庭		中等收入家庭				低收入家庭	
x/min	φ_T^1（$\tilde{x}$）	x/min	φ_T^2（$\tilde{x}$）	x/min	φ_T^2（$\tilde{x}$）	x/min	φ_T^3（$\tilde{x}$）
≥40	1	≥65	1	25	0.681 2	≥40	1
30	0.785 7	55	0.971 0	15	0.318 8	30	0.818 2
25	0.642 9	50	0.956 5	10	0.087 0	25	0.727 3
20	0.500 0	45	0.942 0	≤5	0	20	0.454 5
15	0.357 1	40	0.913 0			15	0.272 7
10	0.071 4	35	0.811 6			10	0.181 8
≤5	0	30	0.782 6			≤5	0

表 2 - 3 列举了更改了居住地的 65 个家庭的数据.

表 2 - 3　家庭数据

F_i	家庭人数	S_i/元	T_{ui}/min	$\tilde{\beta}_i$	C_i	F_i	家庭人数	S_i/元	T_{ui}/min	$\tilde{\beta}_i$	C_i
F_1	4	3 600	70	0.9	0	F_2	3	3 700	90	0.7	1
F_3	3	3 900	90	0.8	0	F_4	3	4 300	60	0.7	1
F_5	2	3 500	70	0.7	0	F_6	3	4 200	80	0.7	0
F_7	4	3 300	70	0.9	0	F_8	3	5 100	80	0.7	0
F_9	3	3 500	80	0.8	0	F_{10}	3	8 800	60	0.7	0
F_{11}	3	4 000	70	0.8	0	F_{12}	3	12 500	60	0.8	0
F_{13}	3	5 400	50	0.6	1	F_{14}	3	12 500	50	0.7	1
F_{15}	4	12 500	50	0.6	1	F_{16}	3	8 800	60	0.5	1
F_{17}	4	11 500	45	0.4	1	F_{18}	4	12 500	40	0.6	1
F_{19}	3	6 700	60	0.4	1	F_{20}	3	12 500	40	0.6	1
F_{21}	3	13 000	45	0.4	1	F_{22}	3	7 000	60	0.5	1
F_{23}	3	12 500	50	0.4	1	F_{24}	3	12 500	40	0.5	1
F_{25}	4	8 300	50	0.6	1	F_{26}	3	6 800	60	0.6	1
F_{27}	4	7 500	80	0.7	1	F_{28}	4	7 100	70	0.4	0
F_{29}	3	6 600	70	0.4	1	F_{30}	3	5 800	90	0.5	1
F_{31}	3	9 200	60	0.5	1	F_{32}	3	11 500	50	0.6	1
F_{33}	3	8 300	50	0.5	1	F_{34}	3	8 300	60	0.5	1
F_{35}	3	12 500	50	0.5	1	F_{36}	2	5 000	80	0.6	0
F_{37}	3	8 300	50	0.5	1	F_{38}	2	8 400	50	0.4	1
F_{39}	3	6 700	70	0.6	1	F_{40}	3	6 250	70	0.6	1

F_i	家庭人数	S_i/元	T_{ui}/min	$\tilde{\beta}_i$	C_i	F_i	家庭人数	S_i/元	T_{ui}/min	$\tilde{\beta}_i$	C_i
F_{41}	3	5 200	60	0.5	0	F_{42}	3	5 900	90	0.5	0
F_{43}	4	7 500	60	0.7	0	F_{44}	3	8 200	40	0.5	0
F_{45}	3	8 300	45	0.6	1	F_{46}	3	12 500	40	0.5	1
F_{47}	4	10 000	50	0.5	1	F_{48}	3	9 600	60	0.4	1
F_{49}	4	10 000	40	0.6	0	F_{50}	4	12 000	50	0.5	0
F_{51}	4	12 500	40	0.6	1	F_{52}	3	8 300	50	0.5	1
F_{53}	3	6 700	40	0.6	1	F_{54}	4	6 600	45	0.6	1
F_{55}	4	7 000	45	0.4	1	F_{56}	3	5 000	50	0.5	0
F_{57}	3	5 300	45	0.6	0	F_{58}	3	6 600	40	0.7	0
F_{59}	4	6 700	40	0.6	0	F_{60}	3	26 700	40	0.4	2
F_{61}	3	20 000	40	0.5	1	F_{62}	3	33 000	30	0.5	2
F_{63}	3	26 600	40	0.6	2	F_{64}	3	29 000	40	0.5	2
F_{65}	4	42 000	40	0.5	2						

将表 2－1～表 2－3 中的数据代入模型（2.9）及算法 1，计算出这 65 个家庭的选择结果，见表 2－4.

表 2－4　家庭目的地、计算居住地及实际居住地

F_i	目的地	实际居住地	计算居住地
F_1	四十六中，高新五小，陈林村 ×2	陈林村	陈林村
F_2	付村小学，东明汽车，金华宾馆	付村花园	陈林村，付村花园
F_3	十四中，东滩村 ×2	东滩社区	东滩社区
F_4	高新四小 ×2，新惠电子	高新逸品	高新逸品
F_5	高新三中，龙发公司	余家庄	丈八社区
F_6	丈八沟幼儿园，丈八西路，丈八六路	丈八社区	丈八社区
F_7	付村小学，高新三中，付村花园	付村花园	付村花园
F_8	高新三中，闸口社区	闸口社区	闸口社区
F_9	双水幼儿园，百姓厨房，东滩村	东滩社区	东滩社区，闸口社区
F_{10}	五十二中，科技八路，铭士机电	高新逸品	余家庄
F_{11}	丈八沟小学，天龙汽车	闸口社区	丈八社区
F_{12}	高新三中 ×2，新好又多超市	里花水社区	里花水社区
F_{13}	四十六中，西北水利电力大厦	丈八社区	里花水社区

33

F_i	目的地	实际居住地	计算居住地
F_{14}	新宠儿幼儿园×2，东付村卫生室	付村花园	林隐天下，付村花园
F_{15}	高新四小，博迪中学，三星电子，西安职业技术学院	万家灯火	林隐天下
F_{16}	高新五小，长青大药房，丈八西路	闸口社区	闸口社区
F_{17}	博迪中学，缤纷南郡幼儿园，陕西华电，军人服务社	缤纷南郡	缤纷南郡
F_{18}	迪高新五小，博迪中学，高新地产，天地源	缤纷南郡	缤纷南郡
F_{19}	唐南中学，科技八路×2	缤纷南郡	缤纷南郡，付村花园
F_{20}	博迪中学，西开公司，吉的堡（沣惠南路），科技路	金泰假日花城	缤纷南郡，金泰假日花城
F_{21}	四十六中×2，陕西省科技厅	尚品美地城	缤纷南郡，尚品美地城
F_{22}	高新三中，新东方（高新）	缤纷南郡	缤纷南郡，丈八社区
F_{23}	鱼化小学，爱知中学，高新三中，艺林摄影	缤纷南郡	缤纷南郡，闸口社区
F_{24}	丈八沟幼儿园，丈八西路，曲江宾馆	东滩社区	东滩社区
F_{25}	美林小学，爱知中学，培华学院，中国移动（西长安街）	付村花园	付村花园
F_{26}	高新三中，上林苑三路，丈八东路	付村花园	付村花园
F_{27}	高新五小，高新三中，法士特×2	法士特小区	法士特小区
F_{28}	高新五小，高新三中，法士特×2	法士特小区	法士特小区
F_{29}	爱知中学，法士特×2	法士特小区	法士特小区
F_{30}	博迪中学，公交公司（上林），法士特	法士特小区	法士特小区
F_{31}	高新四小，锦业二路×2	挚信樱花园	高科尚都
F_{32}	高新四小，高新三中×2	万家灯火	高科尚都，万家灯火
F_{33}	金泰小学，陕西三建，博凡贝尔	金泰假日花城	金泰假日花城，余家庄
F_{34}	高新四小，酒吧街（绿地）×2	罗马景福城	罗马景福城
F_{35}	高新五小，丈八沟幼儿园	丈八社区	丈八社区
F_{36}	高新三中，赛格电脑城，39所	闸口社区	罗马公社，闸口社区
F_{37}	陕师大，郭杜小学，中国石油测井有限公司	挚信樱花园	融发心园，挚信樱花园
F_{38}	陕师大附中，陕师大	雅居乐花园	雅居乐花园，挚信樱花园
F_{39}	鱼化小学，鱼化街道办事处，乐友医药超市	缤纷南郡	丈八社区
F_{40}	高新五小，焦点财务	东滩社区	丈八社区

续表

F_i	目的地	实际居住地	计算居住地
F_{41}	高新四小，省电力公司，永辉超市	丈八社区	丈八社区
F_{42}	明德中学 ×2，闸口社区	丈八社区	丈八社区
F_{43}	丈八沟小学，高新三中，丈八路派出所，丈八宾馆	丈八社区	丈八社区
F_{44}	高新五小，旌旗电子 ×2	丈八社区	丈八社区
F_{45}	十四中，锦业路，长安产业园	闸口社区	闸口社区
F_{46}	都市国际小学，世纪金花，闸口社区	闸口社区	闸口社区，紫薇田园都市
F_{47}	高新六小，华科光电，中国人民保险	紫薇田园都市	紫薇田园都市
F_{48}	中冶陕压，建行（紫薇田园）	紫薇田园都市	紫薇田园都市
F_{49}	高新六小，西安天秦，工行（紫薇田园）	紫薇田园都市	紫薇田园都市
F_{50}	高新六小，品格幼儿园，赛尔通信，博士路	紫薇田园都市	紫薇田园都市
F_{51}	付村小学 ×2，付村花园 ×2	付村花园	付村花园
F_{52}	高新四小，旌旗电子，广源电气	万家灯火	绿地世纪城，万家灯火
F_{53}	十四中	付村花园	付村花园
F_{54}	高新三中，中航电测 ×2	丈八社区	丈八社区
F_{55}	丈八沟小学，四十六中，丈八街道办，利安超市	丈八社区	丈八社区
F_{56}	高新逸翠园中学，法士特	法士特小区	付村花园
F_{57}	贝贝佳幼儿园 ×2，佳乐诊所	闸口社区	闸口社区
F_{58}	高新国际学校，丈八沟小学，创业路	丈八社区	林隐天下，金宇蓝苑
F_{59}	丈八沟小学 ×2，长安产业园	丈八社区	丈八社区
F_{60}	十四中，华为，西安利之星	缤纷南郡	缤纷南郡
F_{61}	高新一中，中兴产业园 ×2	紫薇田园都市	缤纷南郡
F_{62}	高新三中，美光半导体，高新国际中学	高科尚都	东尚蜂鸟，高科尚都
F_{63}	博迪中学，金金博士，丈八路城市管理	缤纷南郡	高科尚都，罗马景福城
F_{64}	高新一中，西安恒鼎通 ×2	万家灯火	万家灯火
F_{65}	五十二中，丈八西路 ×2	余家庄	余家庄

由表 2-4 可知，对于这 65 个家庭，计算居住地与实际选择居住地相一致的家庭有 52 个，即本章所提出的模型（2.9）及算法 1 的准确率达到了 80%，验证了模型（2.9）及算法 1 在预测国内城市家庭居住地选择时的有效性与合理性.

模型（2.9）及算法 1 可以帮助城市居住的家庭在选择居住地时做出更

加理智的选择，有助于房地产开发商评估房价是否符合市场的需求，有助于城市规划部门平衡城市中的居住地和工作地，也有助于城市交通部门预测一些居住地的交通状况.

2.4.2 算例2

1. 例子描述

如图2-4所示，该小型虚拟城市有11个小区（1～11），4个主要目的地（A、B、C、5）. 且该城市中A与1、B与3、C与10之间的距离不超过100 m，故可忽略不计. 该城市有9条公交线路：1—2—3—6—7，1—4—5—6—7，1—4—8—9—10，11—2—1—4—8，11—2—5—9—10，11—2—3—6—7，3—2—5—4—8，3—6—10—9—8 和7—6—10.

由图2-4可知，各小区之间均是双向连通的，且每条道路在上下班高峰期时双向容量和自由流速度相同. 对城市交通进行改善前后各道路的长度、容量和自由流速度如表2-5所示.

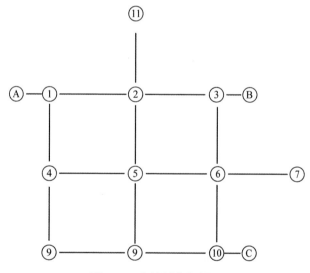

图2-4 虚拟城市规划图

表 2-5 简单交通路网（交通状况改善前后）的静态属性

道路	长度/km	容量/（veh/h）	自由流速/（km/h）	道路	长度/km	容量/（veh/h）	自由流速/（km/h）
1—2	35	5 000	60	4—8	3.8	3 500	60
2—3	4	5 000	60	11—2	2.7	3 000	50
4—5	3.9	4 000	50	2—5	3.5	5 000	50
5—6	4	4 000	50	5—9	3	3 000	35
6—7	2.5	3 500	35	3—6	3	改进前 改进后	40
8—9	3.5	3 500	40			4 000 5 000	
9—10	4	4 000	50	6—10	3.6	5 000	50
1—4	4	4 000	60				

道路流量/容量和平均速度/自由流速度之间的数值对应关系见表 2-6.

表 2-6 道路平均速度与流量对照表

道路流量/容量	平均速度/自由流速度	道路流量/容量	平均速度/自由流速度
≤0.3	1	0.9	9/35
0.4	34/35	1.0	4/35
0.5	31/35	1.1	3/35
0.6	24/35	1.2	2/35
0.7	19/35	≥1.3	0
0.8	14/35		

每个小区平均房价、小区周边配套设施数目见表 2-7.

表 2-7 简单交通路网（交通状况改善前后）的静态属性

小区	普通房屋房价/万元	高档房屋房价/万元	普通房屋维护费/（元/月）	高档房屋维护费/（元/月）	高收入家庭/%	中等收入家庭/%	低收入家庭/%
1	67.5	97.5	135	195	30	60	10
2	61.2	88.4	108	156	30	60	10
3	65.7	94.9	90	130	30	60	10
4	57.6	832	90	130	20	60	20
5	72	104	135	195	40	50	10
6	63	91	108	156	30	60	10
7	55.8	806	90	130	20	60	20
8	45	65	135	195	10	50	40
9	56.7	81.9	90	130	20	60	20
10	66.6	96.2	135	195	30	60	10
11	49.5	71.5	108	156	10	50	40

各个小区拥有的房屋数及其居住家庭的目的地分布见表 2 - 8.

表 2 - 8　目的地分布

小区	房屋数	目的地分布									
		5	A	B	C	5, A	5, B	5, C	A, B	A, C	B, C
1	7 000	400	1 500	400	100	800	200	100	800	600	100
2	5 000	500	500	500	100	700	700	100	700	100	100
3	7 000	200	200	1 500	100	200	800	200	800	200	800
4	4 000	500	800	100	100	900	100	100	100	200	100
5	9 000	1 200	600	600	600	800	800	800	400	800	400
6	5 000	500	100	500	500	200	200	200	100	200	600
7	4 000	300	100	500	600	200	200	200	100	200	600
8	2 500	300	400	100	300	200	100	100	100	300	100
9	4 000	500	100	100	600	200	200	500	200	500	100
10	7 000	200	100	400	1 500	100	200	800	100	800	800
11	2 500	300	400	400	100	100	100	100	300	100	100

假设每个小区有 20% 的家庭准备更改居住地，且其高、中、低收入家庭，各个目的地是均匀分布的.

2. 初始值计算

首先给出模型中使用到的各个参数的取值.

假设该城市中，在交通高峰期，步行速度 $v_{r1}^1 = 3$ km/h，电动自行车速 v_{r1}^2 = 30 km/h. 公共交通票价为 $\mu_5^{il} = 1$ 元/次，每次等车时间为 $\omega_5 = 5$ min，公交车停靠时间近似为 $\varpi_{r1} = 2$ min/次. 家庭每位成员每月的通勤天数为 20 天，每天往返次数为 1 次/天. 建设部 2001 年印发的《城市建设系统指标解释》中：客位数 = 车厢固定乘客座位数 + 车厢有效站立面积（m^2）× 每平方米允许站立人数. 故本书假设该市公交车的最大载客人数为 90 人.

对于高收入家庭，即 $F_i \in F^1$. 假设家庭可支配总收入为 $S_i = 30\ 000$ 元/月. 假设家庭拥有两辆汽车，消耗的油费为 $o^{il6} = 0.7$ 元/km. $\tilde{\beta} = 0.5$，$\varepsilon_1 = 0.3$，$\varepsilon_2 = 0.4$，$\varepsilon_3 = 0.3$，$\xi = 0.5$.

对于中等收入家庭，即 $F_i \in F^2$. 假设家庭可支配总收入为 $S_i = 15\ 000$ 元/月. 假设家庭拥有 1 辆汽车，消耗的油费为 $o^{il6} = 0.5$ 元/km. $\tilde{\beta} = 0.6$，$\varepsilon_1 = 0.4$，$\varepsilon_2 = 0.3$，$\varepsilon_3 = 0.3$，$\xi = 0.5$.

对于低收入家庭, 即 $F_i \in F^3$. 假设家庭可支配总收入为 $S_i = 6\,000$ 元/月. 假设家庭拥有 0 辆汽车. $\tilde{\beta} = 0.8$, $\varepsilon_1 = 0.5$, $\varepsilon_2 = 0.3$, $\varepsilon_3 = 0.2$, $\xi = 0.5$.

本书按照本额等息的还款方式计算月供, 且假设首付为房屋总价的 30%, 贷款时间为 30 年, 打折后的银行贷款利率为 3.96%, 购买房屋的月还款金额计算式为

$$还款金额 = 贷款金额 \times \frac{月利率 \times (1 + 月利率)^{还款月数}}{(1 + 月利率)^{还款月数} - 1}$$

则计算可得购房家庭的月还款金额, 见表 2 - 9.

表 2 - 9　月还款金额表

小区	普通房屋还款金额/（元/月）	高档房屋还款金额/（元/月）	小区	普通房屋还款金额/（元/月）	高档房屋还款金额/（元/月）
1	2 244.90	3 242.64	7	1 855.79	2 680.58
2	2 035.38	2 939.99	8	1 496.60	2 161.76
3	2 185.04	3 156.17	9	1 885.72	2 723.82
4	1 915.65	2 767.05	10	2 214.97	3 199.41
5	2 394.57	3 458.82	11	1 646.26	2 377.94
6	2 095.24	3 026.46			

3. 算例计算及结果分析

利用上述所有家庭作为样本, 计算可得针对不同收入的家庭, 其模糊数据 $\tilde{M}_i(O_j)$、$\tilde{T}_i^1(O_j)$ 的 DUDF 分别见表 2 - 10 和表 2 - 11.

表 2 - 10　$\tilde{M}_i(O_j)$ 的 DUDF

高收入家庭		中等收入家庭				低收入家庭	
x/元	$\varphi_M^1(\tilde{x})$	x/元	$\varphi_M^2(\tilde{x})$	x/元	$\varphi_M^2(\tilde{x})$	x/元	$\varphi_M^3(\tilde{x})$
≤7 700	0	≤4 600	0	8 000	0.776 6	≤3 300	0
7 800	0.008 5	4800	0.008 1	8 300	0.827 8	3 400	0.104 2
8 000	0.023 8	4 900	0.013 1	8 400	0.855 6	3 500	0.312 5
8 100	0.028 0	5 000	0.027 2	8 500	0.867 7	3 900	0.546 9
8 200	0.038 2	5 100	0.028 2	8 800	0.904 0	4 100	0.703 1
8 300	0.068 8	5 200	0.036 7	8 900	0.914 9	4 300	0.743 5
8 400	0.124 0	5 300	0.070 6	9 000	0.939 1	4 400	0.881 5

高收入家庭		中等收入家庭				低收入家庭	
$x/$元	$\varphi_M^1(\tilde{x})$	$x/$元	$\varphi_M^2(\tilde{x})$	$x/$元	$\varphi_M^2(\tilde{x})$	$x/$元	$\varphi_M^3(\tilde{x})$
8 500	0.158 0	5 400	0.116 1	9 200	0.970 6	4 500	0.908 9
8 600	0.237 0	5 600	0.165 7	9 400	0.971 8	4 700	0.960 9
8 700	0.316 1	5 700	0.243 3	>9 400	1	>4 700	1
8 800	0.392 5	5 800	0.279 0				
8 900	0.453 7	5 900	0.293 3				
9 000	0.551 4	6 000	0.301 8				
9 100	0.604 9	6 100	0.330 6				
9 200	0.698 4	6 400	0.439 5				
9 300	0.708 6	6 500	0.451 6				
9 400	0.774 9	6 800	0.553 6				
9 500	0.852 2	6 900	0.581 5				
9 600	0.917 6	7 000	0.587 7				
9 700	0.936 3	7 300	0.629 3				
9 800	0.977 1	7 400	0.636 1				
10 000	0.979 6	7 600	0.699 0				
>10 000	1	7 700	0.715 9				

表 2-11 $\tilde{T}_i(O_j)$ 的 DUDF

高收入家庭		中等收入家庭		低收入家庭	
$x/$min	$\varphi_T^1(\tilde{x})$	$x/$min	$\varphi_T^2(\tilde{x})$	$x/$min	$\varphi_T^3(\tilde{x})$
≤10	0.166 1	≤10	0.133 6	≤10	0.084 3
20	0.242 3	20	0.153 0	25	0.119 8
30	0.318 5	25	0.242 1	30	0.257 4
35	0.356 6	30	0.447 8	35	0.349 1
40	0.522 7	35	0.597 6	40	0.500 0
45	0.588 9	40	0.712 1	45	0.732 2
50	0.637 9	45	0.792 3	50	0.770 7
55	0.833 9	50	0.879 4	55	0.880 2
60	0.940 1	55	0.933 2	60	0.897 9
65	0.960 1	60	0.944 9	65	0.985 2
70	0.984 6	65	0.959 5	75	0.994 1
80	0.993 6	75	0.988 7		
85	0.996 4	80	0.991 1		
≥90	1	85	0.998 0		
		≥90	1		

将所有初始值及表 2-9～表 2-11 的数据代入算法 1.

本例做了两组实验数据：

第一组：当道路 3—6 未改善时，计算准备更改居住地的家庭对小区的选择结果与各小区的入住率（见表 2-12）.

第二组：当道路 3—6 改善后，其他条件不变，计算第一组中改变居住地的家庭对小区的重新选择结果与各小区的入住率（见表 2-13）.

表 2-12　第一组实验：道路 3—6 改善前更改居住地的家庭选择情况

目的地	高收入家庭			中等收入家庭			低收入家庭		
	选择小区	房屋类型	家庭数量	选择小区	房屋类型	家庭数量	选择小区	房屋类型	家庭数量
5	5	普通	263	5	普通	552	9	普通	170
A	1	普通	236	1	普通	538	11	普通	166
B	3	普通	274	3	普通	590	2	普通	156
C	10	普通	274	10	普通	592	9	普通	154
5，A	1	普通	228	1	普通	506	4	高档	146
5，B	5	普通	212	11	普通	436	2	高档	112
5，C	10	普通	196	10	普通	398	6	普通	106
A，B	3	普通	114	3	普通	214	4	高档	120
	5	普通	78	1	普通	214			
A，C	5	普通	220	4	普通	385	2	普通	124
				10	普通	72			
B，C	3	普通	64	3	普通	444	7	普通	106
	10	普通	146						

表 2-13　第二组实验：道路 3—6 改善后更改居住地的家庭选择情况

目的地	高收入家庭			中等收入家庭			低收入家庭		
	选择小区	房屋类型	家庭数量	选择小区	房屋类型	家庭数量	选择小区	房屋类型	家庭数量
5	5	普通	263	5	普通	552	9	普通	170
A	1	普通	236	1	普通	538	4	普通	166
B	3	普通	274	3	普通	590	11	高档	156
C	10	普通	274	10	普通	592	8	普通	154
5，A	1	普通	228	1	普通	506	2	高档	146
5，B	5	普通	212	3	普通	214	6	普通	112
				5	普通	224			

续表

目的地	高收入家庭			中等收入家庭			低收入家庭		
	选择小区	房屋类型	家庭数量	选择小区	房屋类型	家庭数量	选择小区	房屋类型	家庭数量
5，C	10	普通	196	10	普通	398	9	普通	106
A，B	3	普通	192	5	普通	18	6	普通	120
				6	普通	410			
A，C	6	高档	220	4	普通	456	9	普通	124
B，C	3	普通	210	10	普通	444	6	普通	106

将表 2 – 12 与表 2 – 13 的两组试验结果进行比较（见表 2 – 14）.

表 2 – 14　道路 3—6 改善前后小区居住情况

小区	改善前		改善后	
	家庭入住数	小区入住率/%	家庭入住数	小区入住率/%
1	5 508	78.69	5 508	78.69
2	3 592	71.84	3 346	66.92
3	5 256	75.09	5 834	83.34
4	3 264	81.60	3 022	75.55
5	6 925	76.95	6 957	77.30
6	3 306	66.12	4 168	83.36
7	2 506	62.65	2 400	60.00
8	1 600	64.00	1 754	70.16
9	2 724	68.10	2 800	70.00
10	5 724	81.77	5 460	78.00
11	2 036	81.44	2 192	87.68

由表 2 – 12 ~ 表 2 – 14，可知：

（1）在没有改善道路 3—6 前后，高收入家庭和中等收入家庭更加偏好选择小区 1、3、5 和 10 居住，这 4 个小区均接近于目的地，周边配套设施较完备，但房价较高. 而低收入家庭偏好选择房价相对较低，但是距离目的地较远且周边配套实施较少的小区.

（2）道路 3—6 改善后，小区 2、4、7 和 10 的入住率依次减少 4.92%、6.06%、2.62% 和 3.77%，小区 3、6、8 和 11 的入住率依次增加 8.25%、17.24%、6.16% 和 6.24%，其他小区入住率不变.

（3）改善道路 3—6，高、中等、低收入家庭分别有人约 9.72%、

10.12% 和 75.29% 的家庭更改其居住地.

（4）对于高收入家庭，改善道路 3—6，会有更多的家庭放弃小区 5 和 10，而选择小区 3 和 6.

（5）对于中等收入家庭，改善道路 3—6，会有更多的家庭放弃小区 4、10 和 11，而选择小区 3、5 和 6.

（6）对于低收入家庭，改善道路 3—6，会有更多的家庭放弃小区 3 和 7，而选择小区 6、8 和 9.

综上所述，对于中小城市，道路改善对低收入家庭的居住地选择影响是巨大的. 且改善道路 3—6，使得道路沿线的小区 3 和 6 的入住率增长较大，其中房价较低的小区 6 的入住率增长最高，房价较高的小区 3 的入住率增长次之，且所有居住小区中房价最低、居住环境较差且距离目的地较远的小区 8 和 11 的入住率也有所增长. 即，中小城市改善道路状况，进而改善该条道路的拥堵状况，可以有效地提高该道路周边小区的入住率，并会稍微提高偏远小区的入住率，进而改变该城市所有居住区之间的交通和空间结构.

本章以国内的中小型城市为背景建立了中小城市居住地选择的模糊三目标优化模型，这些城市均未设立公交专用道且未铺设轨道交通. 通过引入不确定分布函数及隶属度函数来描述模糊数据，并设计了一种简单有效的算法来求解. 通过实例验证了本章所提出模型与算法的有效性与预测准确性. 模拟算例说明城市道路的改善对中小型城市的低收入家庭影响较大，同时会极大提高改善道路沿线小区的入住率，并对偏远小区的入住率产生一定的影响. 管理者可以根据交通对小区入住率的影响，通过土地利用政策对居住地选择加以引导，使得城市空间和结构分布更加合理. 同时，根据交通对小区入住率的影响，开发商可以对土地开发进行投资预测.

第3章 大城市居住地选择的
模糊三目标优化模型

　　全世界上有近54%的人口居住在城市，到2050年，这个数字可能增加到70%，达到60亿人口. 联合国人口司的经济和社会事务部曾经预测未来一段时间内城市人口的增长主要集中在非洲和亚洲，尤其是中国、印度和尼日利亚. 这种改变对于这些国家的城市人口的生活和交通都是一种挑战. 另一方面，城市交通拥堵也主要集中在工作日的上下班高峰期，造成这一现象的主要原因是商务中心的上下班时间都是固定的，这就导致大量人员在同一时间集中上下班. 随着城市交通拥堵的日益严重，发达国家城市发展的历史表明，城市轨道交通（包括地铁和轻轨）具有客运量大、准时的特点，是改善城市公共交通的有效途径. 因此，关于在交通高峰期，城市交通（包括道路和轨道交通）和居住地选择之间关系的研究，对于城市交通规划、交通政策分析和城市空间结构改造都是极其有用的.

　　几个世纪以来，人们一直致力于研究居住地选择和土地利用之间关系的模型①，但这些模型主要考虑土地成本与交通成本. 一部分模型以生活成本最小化或效益最大化为目标实现居住地选择，却忽略了城市家庭选择居住地的行为特征. 另一部分模型通过描述交通与城市人口活动区域之间的相互作用，而有效地表达了区位特征和个人决策行为，却无法建立居住地选择与交通之间明确的函数关系.

　　鉴于上述模型的种种不足，很多新的模型层出不穷. Martinez 和 Donosoint

---

　　① A G Wilson. Entropy in urban and regional modelling［M］. London：Pion，1971.

提出了随机竞价模型①，并由 Martinez 和 Henriquez 将其推广②. 随机竞价模型以消费者（家庭或公司）的随机效用及生产者的随机利润的最大化为目标，但该类模型是建立在总供给者和总消费者数量相同的假设的基础之上的. 除了随机竞价模型，Roy 提出了双重约束熵模型③，并被 Chang 和 Mackett 推广为双层规划模型④. 双重约束熵模型和双层规划模型描述了位置引力和交通费用阻抗之间的关系. 基于双层规划模型，Zhang 建立了模糊线性规划⑤，该模型通过货币化，将住房价格、交通时间、交通费用与享乐成本转化为一个目标函数，来获得家庭剩余最大的居住地. 尽管双重约束熵模型、双层规划模型和模糊线性规划通过建立居住地和家庭之间的谈判机制来求解，但均忽略了土地费用. 更进一步的，一些研究者建立了离散选择模型，其中包含一些评价模型和 Logit 模型⑥. 这些模型通过分析影响居住地选择的社会经济和个人行为方面的因素来追求利益最大化，但在统计数据上有很强的个人偏好性（例如收入、房屋大小、工作人数、住房类型等的偏好），并研究了一些潜在变量（例如生活方式、拥有的汽车、学校等)⑦.

　　大城市指经济发达、人口集中的政治、经济、文化中心城市.《关于调整城市规模划分标准的通知》（国发 2014 第 51 号文件）中指出城区常住人口

①　F Martínez, P Donoso. Modeling land use planning effects: zone regulations and subsidies [J]. Travel Behaviour Research: The Leading Edge. D. Hensher (ed.), Pergamon, Amsterdam, 2001: 647 – 658.

②　M J Francisco, H Rodrigo. A random bidding and supply land use equilibrium model [J]. Transportation Research Part B: Methodological, 2007, 41 (6): 632 – 651.

③　J R Roy, J C Thill. Spatial interaction modelling [M]. Fifty Years of Regional Science. Springer Berlin Heidelberg, 2004: 339 – 361.

④　J S Chang, R L Mackett. A bi-level model of the relationship between transport and residential location [J]. Transportation Research Part B: Methodological, 2006, 40 (2): 123 – 146.

⑤　L Zhang, W Du, L Y Zhao. OD allocation model and solution algorithm in transportation networks with the capacity [C]. International conference on transportation engineering, American: American Society of Civil Engineers, 2009: 788 – 793.

⑥　A Daly. Estimating choice models containing attaction variables [J]. Transportation Research Part B, 1982, 16: 5 – 15.

⑦　A Frenkel, E Bendit, S Kaplan. Residential location choice of knowledge – workers: The role of amenities, workplace and lifestyle [J]. Cities, 2013, 35: 33 – 41.

100万以上为大型城市（包含大城市、特大城市和超大城市）. 在世界各国的大城市中，普遍存在人口膨胀、交通拥挤、住房困难、环境恶化、资源紧张、物价过高等"症状". 针对这些"大城市病"，专家认为优先发展公共交通，完善公共交通网络，提升可达性是解决城市交通问题的出路之一. 除此之外，均衡交通与土地利用之间的关系，也是缓解城市交通问题的出路之一.

本章建立了大城市家庭选择居住地的模糊三目标最优化模型. 该模型的三个目标函数分别为：最少的月家庭必要花销（房屋花销、物业管理费、生活花销、交通花销和教育花销之和）、最少的人均单趟通勤时间和最舒适的居住环境. 其中前两个目标函数为模糊目标. 同时，该模型包含三个确定型约束：月家庭花销（月家庭必要花销与月家庭偏好花销之和）不高于月家庭可支配收入（MDI），贷款购房家庭的房屋月供不高于月家庭可支配收入的固定比例，且人均单趟通勤时间不高于可接受的最长通勤时间. 除此之外，该模型还含有一个模糊约束：月家庭花销尽可能不高于家庭预算. 相较于文献中的模型，本书所建立的FTOM具有下述优点：

（1）考虑了最多的影响城市家庭居住地选择的因素（见表3-1）.

表3-1 模型（3.19）与文献[4, 5, 12, 34, 43-45, 51-52, 67, 77]
中模型所考虑的因素

模型	所考虑的因素	因素个数
[52]	通勤距离、房屋环境、房屋价格、家庭收入	4
[34]	享乐价格、交通花销、通勤时间、家庭收入、区位价值	5
[5]	家庭支付能力、通勤时间、生活方式	3
[4]	房屋价格、交通	2
[12]	通勤距离、居住环境、房屋价格、家庭收入	4
[43]	租房价格、交通、商业区、房屋面积、环境	5
[77]	工资、房屋价格、交通花销、交通时间	4
[67]	住宅位置、汽车所有权、工作地、通勤距离、通勤模式、停车次数	6
[51]	房屋价格、休闲时间、交通花销、交通时间、工资、通勤距离	6
[44]	房屋价格、交通花销、交通时间、个人社会经济特征	4
[45]	居住环境、交通花销、享乐价格、交通时间、家庭收入	5
模型（3.19）	房屋花销、房屋管理费、交通花销、日常花销、教育花销、汽车花销、汽车数量、享乐花销、通勤时间、居住条件、MDI、家庭成员人数、家庭预算	12

（2）将家庭分为租房家庭、全款购房家庭与贷款购房家庭区分计算，使得本章模型可以适用于更多的家庭.

（3）在计算不确定分布函数（embedded universal flash storage）时，将家庭样本分为低收入家庭、中等收入家庭和高收入家庭三类分别计算，以提高计算结果的准确性.

（4）通过更加详细地计算家庭支出来提高计算结果的准确性. 家庭花销包含了房屋花销、物业管理费、交通花销、汽车花销、日常花销、教育花销和享乐花销. 前 4 个是在日常生活中所必须花费的，其他的由家庭偏好决定.

（5）计算通勤时间时计算了八种城市常用通勤模式，通勤时间分为有换乘和无换乘两种模式分别计算，来提高通勤时间的计算准确性.

（6）使用 MDI 来替代家庭收入.

（7）分别用 FTOM 与文献［12，34，45，51］中的模型来预测实际中的城市家庭的居住地选择，并将预测结果与实际选择结果进行对比，本章所提出的模型在预测城市家庭的居住地选择上更加符合实际情况.

本章剩下的结构如下. 首先，建立关于大城市居住地选择的模糊三目标优化模型. 其次，通过 EUFs 和隶属度函数（MF），将该模糊三目标优化模型转换为多目标规划（MOM）. 再次，设计了一个求解 MOM 的算法. 从次，利用本章所提出的模型预算法计算了两个例子. 以第一个例子为实例，将本模型计算结果、文献的计算结果及实际结果进行比较，验证了本章所提出模型与算法的有效性与可行性. 以第二个例子为模拟算例，以说明城市地面上道路状况的改善、增设轨道交通及设立公交专用道，对城市居住地的选择产生的影响. 最后，总结本章.

3.1　居住地选择的模糊三目标优化模型

如果大城市中的家庭 F_i 准备更换其居住地，他们会希望新的居住地靠近每一位家庭成员的日常工作地，月家庭必要花销尽可能的少，居住环境尽可能好. 故需要分别计算该家庭针对每一个居住地 $O_j \in O$ 的工作日人均单趟通

勤时间 T_i、月家庭必要花销 M_n^i（月家庭花销的一部分）和居住舒适度 Z_i.

下面讨论如何计算 T_i、Z_i、M_i 及模型建立.

3.1.1　人均单趟通勤时间 T_i

与第 2 章不同，本章所涉及的大型城市，因为其城市规模大、人口众多、交通拥堵现象严重，故大多数城市中均设置了公交专用道，并有轨道交通投入使用.

首先给出本节的一些假设.

（1）人们在城市中出行时，日常最常选择的交通模式包含步行、自行车、电动车、摩托车、公交车、自驾（包含打车）、搭顺车和轨道交通，一共 8 种通勤模式，令 $k=1$，2，$\cdots$，8 依次代表上述 8 种通勤模式.

（2）本章假设步行、自行车、电动车和摩托车的通勤距离分别不超过 $0 \sim 2$ km、$0 \sim 5$ km、$0 \sim 20$ km.

（3）绝大多数人不希望在日常通勤中换乘次数过多，故假设交通工具的换乘次数最多为两次，轨道交通的内部换乘次数最多为 3 次，且公交车之间的换乘次数最多为两次.

（4）在每个工作日的交通高峰期，人们会沿着同一通勤轨迹，并使用同一通勤方式，前往同一目的地. 即，每个人的单趟通勤时间基本是相同的.

（5）在每条地面上的道路的终点都有一个公交站，且每个十字路口都有交通信号灯.

对于 $F_i \in F$，工作日的人均单趟通勤时间为

$$T_i = \frac{\sum\limits_{f_{il} \in F_i} t_{il}^1}{\sum\limits_{f_{il} \in F_i} 1} \tag{3.1}$$

其中，t_{il}^1 是家庭成员 $f_{il} \in F_i$ 在工作日的单趟通勤时间.

如果 F_i 选择 O_j 居住，D_u 是 f_{il} 的目的地，则有

$$t_{il}^1 = t_r^{ilj} + t_d^{il} + t_c^{ilj} \tag{3.2}$$

其中，t_r^{ilj} 是由家门到居住地大门的通勤时间，这是由家庭居住地的位置所决定的，特别地，如果 F_i 的居住地是独立庭院，则 $t_r^{ilj} = 0$；t_d^{il} 是由目的地大门到办公室或者教室的通勤时间，同样地，如果办公地点是独立庭院，则 $t_d^{il} =$

0；t_c^{ilj} 是由居住地大门到目的地大门之间的通勤时间.

t_c^{ilj} 分为下述六个部分计算：

（1）交通时间（由通勤距离、通勤模式和通勤速度决定）；

（2）通过十字路口的时间（由放行量和通勤模式决定）；

（3）等车时间（分为等公交车和轨道交通的时间）；

（4）公交车和轨道交通的站点停靠时间；

（5）步行进入或走出轨道交通站点的时间；

（6）换乘时间.

计算 t_c^{ilj} 时分为两种模式：无换乘模式（即 f_{il} 只采用了一种通勤模式）和有换乘模式（即至少采用了两种通勤模式）.

1. 无换乘模式

每个人的通勤时间由通勤距离、通勤模式和通勤速度决定. 在相同的时间段，同一条道路上，如果地面上道路没有公交专用道，则公交车、自驾车和搭顺车的通勤速度是一样的，即 $v_{r^1}^5 = v_{r^1}^7 = v_{r^1}^8$；如果地面上道路设有公交专用道，则只有自驾车和搭顺车的通勤速度一样，即 $v_{r^1}^7 = v_{r^1}^8$①.

通过十字路口的时间由放行量和通勤模式决定. 当选择第 k 种通勤模式时，通过地面上道路 $r^1 \in R^1$ 末端的十字路口的时间为 $n_{r^1}^k \tau_{r^1}^k$（$k = 1$，2，…，7），$n_{r^1}^k \in N$. 特别地，如果 f_{il} 选择步行、自行车、电动自行车或者摩托车出行，需要等到绿灯并会在红灯前快速通过十字路口. 故对于步行、自行车、电动自行车和摩托车出行的人，十字路口的通过时间不会超过一个交通信号灯的灯长，即 $n_{r^1}^1 = n_{r^1}^2 = n_{r^1}^3 = n_{r^1}^4 = 1$. 如果 f_{il} 选择轨道交通出行，则不存在通过十字路口的问题，即 $n_{r^1}^8 = 0$. 如果 f_{il} 选择剩余 3 种通勤模式，其通过十字路口的时间由交通流和机动车放行量决定. 如果设有公交专用道，则 $n_{r^1}^6 = n_{r^1}^7$；否则，$n_{r^1}^5 = n_{r^1}^6 = n_{r^1}^7$.

公交车的等车时间 ω_5^1 与轨道交通的等车时间 ω_8^1 在理论上均应不超过发车间隔时间且满足均匀分布，故本书假设等车时间是交通高峰期的发车间隔

① D Hinebaugh. Characteristics of Bus Rapid Transit for Decision-Making ［R］. Federal Transit Administration，2009.

时间的一半.

公交车和轨道交通的站点停靠时间分别为 ϖ_{r1}^1 和 ϖ_{r2}^1. ϖ_{r1}^1 在不同的站点是不一样的，由上下车的人数决定. ϖ_{r2}^1 虽在不同的站点也不一样，但在每一站的停靠时间是固定的.

每个人步行进入或走出轨道交通站点的时间 ζ 基本是相同的.

综上所述，有

$$t_c^{ilj} = \omega_5^1 \delta^{il5} + \sum_{r1 \in p_{ilj}} \sum_{k=1}^{7} \left[\left(\frac{s_{r1}}{v_{r1}^k} + n_{r1}^k \tau_{r1}^k \right) \delta^{ilk} + \varpi_{r1}^1 \delta^{il5} \right] +$$

$$\left(\omega_8^1 + \zeta \right) \delta^{il8} + \sum_{r2 \in p_{ilj}} \left(\frac{s_{r2}}{8} \delta^{il8} + \varpi_{r2}^1 \delta^{il8} \right) \tag{3.3}$$

2. 有换乘模式

在城市居住的人每天上下班都要花相当多的通勤时间. 轨道交通因其具有较大的运输能力，较高的准时性、速达性、舒适性、安全性，能充分利用地下和地上空间，运营费用较低，运营费用较低等特点而成为城市交通的主要方式之一. 但因其站点的有限性与固定性，无法覆盖城市的所有地方. 而公共汽车因其灵活、便宜、快捷、方便、覆盖范围广和易于达到而成为另一种城市交通的主要方式之一. 但因城市交通拥堵而经常被迫延长公共汽车的通勤时间. 故为了节省时间，人们不得不选择有换乘的通勤方式.

通常情况下：

（1）若 f_{il} 选择电动自行车、摩托车或者自驾，因为存放不方便而一般会选择无换乘模式.

（2）在国内的大多数城市中，因共享单车系统的建立，自行车与其他通勤方式的换乘十分方便.

（3）若 f_{il} 需要进行轨道交通路线的换乘，一般会在轨道交通站内部完成换乘.

故，由换乘模式中是否含有公交车和轨道交通，换乘模式分为四种类型分别计算：

1）无公交车且无轨道交通

若 f_{il} 在步行、自行车和搭顺车之间换乘，则换乘时间为 0，则有

$$t_{\mathrm{c}}^{ilj} = \sum_{r1 \in p_{ilj}} \sum_{k=1,2,7} \left[\left(\frac{s_{r1}}{v_{r1}^{k}} + n_{r1}^{k}\tau_{r1}^{k} \right) \theta_{r1}^{\ ilk} \right] \tag{3.4}$$

2）有公交车但无轨道交通

若 f_{il} 在步行、自行车、搭顺车和公交车之间换乘. 因为在同一条道路上，公交站点设在同一位置，故公共汽车之间的换乘时间就等于等车时间，则有

$$t_{\mathrm{c}}^{ilj} = \omega_5^1(\zeta^{il5} + \delta^{il5}) + \sum_{r1 \in p_{ilj}} \sum_{k=1,2,5,7} \left[\left(\frac{s_{r1}}{v_{r1}^{k}} + n_{r1}^{k}\tau_{r1}^{k} \right) \theta_{r1}^{\ ilk} + \varpi_{r1}^1 \theta_{r1}^{\ il5} \right] \tag{3.5}$$

3）有轨道交通但无公交车

若 f_{il} 在步行、自行车、搭顺车和轨道交通之间换乘. 因安全要求，在每个轨道交通的换乘站，介于两条不同线路乘车点之间通勤距离是较长的而不可忽略，故轨道交通的内部换乘时间基本等于进出站时间和等车时间之和.

$$t_{\mathrm{c}}^{ilj} = (\omega_8^1 + \zeta)(\delta^{il8} + \zeta^{il8}) +$$
$$\sum_{r1 \in p_{ilj}} \sum_{k=1,2,7} \left[\left(\frac{s_{r1}}{v_{r1}^{k}} + n_{r1}^{k}\tau_{r1}^{k} \right) \theta_{r1}^{\ ilk} \right] + \sum_{r2 \in p_{ilj}} \left(\frac{s_{r2}}{v_{r2}^8} + \varpi_{r2}^1 \right) \theta_{r2}^{\ il8} \tag{3.6}$$

4）有公交车且有轨道交通

若 f_{il} 在步行、自行车、搭顺车、公交车和轨道交通之间换乘，则有

$$t_{\mathrm{c}}^{ilj} = \omega_5^1(\zeta^{il5} + \delta^{il5}) + \sum_{r1 \in p_{ilj}} \sum_{k=1,2,5,7} \left[\left(\frac{s_{r1}}{v_{r1}^{k}} + n_{r1}^{k}\tau_{r1}^{k} \right) \theta_{r1}^{\ ilk} + \varpi_{r1}^1 \theta_{r1}^{il} \right] +$$
$$(\omega_8^1 + \zeta)(\zeta^{il8} + \delta^{il8}) + \sum_{r2 \in p_{ilj}} \left(\frac{s_{r2}}{v_{r2}^8} + \varpi_{r2}^1 \right) \theta_{r2}^{\ il8} \tag{3.7}$$

对于 $\forall r1 \in R^1$，有 $0 \leqslant \sum_{k=1}^{7} \theta_{r1}^{ilk} \leqslant 1 (\theta_{r1}^{ilk} \in \{0,1\})$. 若 $\sum_{r1 \in p_{ilj}} \theta_{r1}^{ilk} = 0$，则 $\delta^{ilk} = 0$. 若 $\sum_{r2 \in p_{ilj}} \theta_{r2}^{il8} = 0$，则 $\delta^{il8} = 0$. 故式（3.3）～式（3.7）可以统一为

$$t_{\mathrm{c}}^{ilj} = \omega_5^1(\zeta^{il5} + \delta^{il5}) + \sum_{r1 \in p_{ilj}} \sum_{k=1}^{7} \left[\left(\frac{s_{r1}}{v_{r1}^{k}} + n_{r1}^{k}\tau_{r1}^{k} \right) \theta_{r1}^{\ ilk} + \varpi_{r1}^1 \theta_{r1}^{ilk} \right] +$$
$$(\omega_8^1 + \zeta)(\zeta^{il8} + \delta^{il8}) + \sum_{r2 \in p_{ilj}} \left(\frac{s_{r2}}{v_{r2}^8} + \varpi_{r2}^1 \right) \theta_{r2}^{\ il8} \tag{3.8}$$

3.1.2　月家庭花销

$F_i \in F$ 选择 O_j 居住的月家庭花销 M_i 分为月家庭必要花销 M_{n}^{ij} 与月家庭偏

好花销 M_p^{ij} 两部分，即

$$M_i = M_n^{ij} + M_d^{ij} \tag{3.9}$$

1. 月家庭必要花销

若 $F_i \in F$ 居住在 O_j，M_n^{ij} 指的是维持家庭日常生活所必需的花销，包含月房屋花销 m_h^{ij}、月房屋管理费 m_m^{ij}、月交通花销 m_t^{ij} 与月生活花销 m_l^{ij}. 这些花销均与选择的居住地相关，则有

$$M_n^{ij} = m_h^{ij} + m_m^{ij} + m_t^{ij} + m_l^{ij} \tag{3.10}$$

1）月房屋花销

与第 2 章的中小城市不同，大城市中，房价较高. 且相较于房价，租金较低. 故本章不能将租房家庭与购房家庭混为一谈，必须予以区别.

如果 F_i 选择租房子，则必须支付押金与房租. 当租房合同到期后，押金会被退还，故 m_h^{ij} 只为月租金. 房屋租赁合同一般会规定月租金 m_h^{ij} 在合同期内不得随意更改.

如果 F_i 选择买房子，则有两种购房模式可选择：贷款购房与全款购房. 随着社会经济的发展，当前中国越来越多的家庭选择贷款购房. 当 F_i 选择贷款购房时，该家庭需在购房时一次性支付首付款并每月支付按揭款. 本章假设首付款为家庭已有财产，首付款是由家庭支付能力及最低首付款比例共同决定，故 m_h^{ij} 为月按揭款，且月按揭款会每年根据贷款利率而变更一次. 如果 F_i 选择全款购房，可视其首付款为全房款且月按揭款 $m_h^{ij} = 0$.

2）月房屋管理费

房屋管理费 m_m^{ij} 包含物业管理费、电梯使用费及卫生费用. 根据中华人民共和国国家发展和改革委员会与建设部于 2003 年 11 月 13 日为规范物业管理服务收费行为，保障业主和物业管理企业的合法权益，根据《中华人民共和国价格法》和《物业管理条例》，制定了《物业服务收费管理办法》（发改价格〔2003〕1864 号）中第五条规定物业服务收费应当遵循合理、公开以及费用与服务水平相适应的原则，第十一条规定物业服务成本或者物业服务支出构成一般包括以下部分：

（1）管理服务人员的工资、社会保险和按规定提取的福利费等.

（2）物业共用部位、共用设施设备的日常运行、维护费用.

（3）物业管理区域清洁卫生费用.

（4）物业管理区域绿化养护费用.

（5）物业管理区域秩序维护费用.

（6）办公费用.

（7）物业管理企业固定资产折旧.

（8）物业共用部位、共用设施设备及公众责任保险费用.

（9）经业主同意的其他费用.

由上可知，在国内，月房屋管理费 m_m^{ij} 对于不同的房屋是不相同的. 但对于每一套房屋，m_m^{ij} 一般在较长时间内是不变的.

3）月生活花销

月生活花销 m_l^{ij} 指家庭每个月在食物、水电、衣服、煤气、电话、网络等生活方面所支付的费用. 该费用由家庭成员人数、生活方式、消费理念、物价、收入等共同决定. 但对于每一个家庭来说，m_l^{ij} 是相对稳定的.

4）月交通花销

月交通花销 m_t^{ij} 由家庭每一位成员的通勤方式与通勤距离共同决定. 步行与搭顺车的通勤费用不计，而自行车与电动自行车的通勤费用很少，为了计算简单，本章忽略不计. 即，如果某位家庭成员的通勤方式为步行、自行车、电动自行车或者搭顺车，则其通勤费用为零，即 $\mu_1^{il}=\mu_2^{il}=\mu_3^{il}=\mu_7^{il}=0$. 故有

$$m_t^{ij} = \sum_{f_{il}\in F_i} 2d^{il}\lambda_{il}\left(\sum_{k=1}^8 \delta^{ilk}\mu_k^{il}\right) \tag{3.11}$$

若家庭成员选择摩托车出行，则其通勤费用 μ_4^{il} 为

$$\mu_4^{il} = \sum_{r^1\in p_{ilj}} \theta_{r^1}^{il4} s_{r1} o^{il4} o^p \tag{3.12}$$

其中，o^{il4} 指 f_{il} 选择摩托车出行时每千米耗油量；o^p 为当前油价.

同理，若家庭成员 f_{il} 选择自驾出行，则其通勤费用 μ_6^{il} 如下：

$$\mu_6^{il} = \sum_{r^1\in p_{ilj}} \theta_{r^1}^{il6} s_{r1} o^{il6} o^p \tag{3.13}$$

其中，o^{il6} 指 f_{il} 选择自驾出行时每千米耗油量.

若家庭成员 f_{il} 选择公交车出行，则其通勤费用 μ_5^{il} 一般有如下三种计算方式：

（1）一票制. 即每位乘客上车时不论目的地，均只需支付 μ_5^0 购票，则有

$$\mu_5^{il} = (\delta^{il5} + \zeta^{il5})\mu_5^0$$

（2）按站购票. 即每位乘客乘车站数不超过 g_1 站需支付 μ_5^1，此外每多乘坐 g_1' 站额外支付 μ_5^2，不足 g_1' 站按 g_1' 站计算，则有

$$\mu_5^{il} = \delta^{il5}\mu_5^1 + \mathrm{ceil}\left(\frac{\displaystyle\sum_{r^1 \in p_{ilj}} \theta_{r^1}^{il5} - \delta^{il5}g_1}{g_1'}\right)\mu_5^2$$

（3）按乘车距离购票. 即每位乘客乘车距离不超过 g_2 站需支付 μ_5^3，此外每多乘坐 g_2' 站额外支付 μ_5^4，不足 g_2' 站按 g_2' 站计算，则有

$$\mu_5^{il} = (\delta^{il5} + \zeta^{il5})\mu_5^3 + \mathrm{ceil}\left(\frac{\displaystyle\sum_{r^1 \in p_{ilj}} \theta_{r^1}^{il5} s_{r^1} - \delta^{il5}g_2}{g_2'}\right)\mu_5^4$$

同理，若家庭成员 f_{il} 选择轨道交通出行，通勤费用 μ_8^{il} 有如下三种计算方式：

（1）一票制. 即每位乘客上车时不论目的地，均只需支付 μ_8^0 购票，则有

$$\mu_8 = \mu_8^0$$

（2）按站购票. 即每位乘客乘车站数不超过 g_3 站需支付 μ_8^1，此外每多乘坐 g_3' 站额外支付 μ_8^2，不足 g_3' 站按 g_3' 站计算，则有

$$\mu_8^{il} = \delta^{il8}\mu_8^1 + \mathrm{ceil}\left(\frac{\displaystyle\sum_{r^2 \in p_{ilj}} \theta_{r^2}^{il8} - g_3}{g_3'}\right)\mu_8^2$$

（3）按乘车距离购票. 即每位乘客乘车距离不超过 g_4 站需支付 μ_8^3，此外每多乘坐 g_4' 站额外支付 μ_8^4，不足 g_4' 站按 g_4' 站计算，则有

$$\mu_8^{il} = \delta^{il8}\mu_8^3 + \mathrm{ceil}\left(\frac{\displaystyle\sum_{r^2 \in p_{ilj}} \theta_{r^2}^{il8} s_{r^2} - g_4}{g_4'}\right)\mu_8^4$$

2. 月家庭偏好花销

除了每月的必需家庭花销，家庭偏好花销 M_p^{ij} 指的是改善家庭生活质量的花销，包含教育花销 m_e^i、汽车花销 m_c^i 和享乐花销 m_d^i. 这些花销与家庭偏好、需求及收入密切相关，却与家庭的居住地关系不大. 即

$$M_p^{ij} = m_e^i + m_c^i + m_d^i \tag{3.14}$$

1）教育花销

教育花销 m_e^i 包含学费、辅导班费、兴趣班费、培训费等. 每个家庭要为孩子上学支付学费，甚至有的家庭为了培养孩子的兴趣爱好或者提高成绩而支付兴趣班费与辅导班费，家庭中的在职人员为了提高自身能力进而升职而支付培训费，老人也可能会因为兴趣爱好、自我充实而支付兴趣班费等. 基于上述分析，m_e^i 由家庭成员人数、年龄、职业、兴趣爱好等相关. 因教育花费为长期持续支出，故 m_e^i 在一段时间内相对稳定.

2）汽车花销

汽车花销 m_c^i 包含车辆的保险费、维修费、年度检查费、过路费、停车费、罚款等. 这些费用是由家庭所拥有的汽车数量、汽车价格、驾驶人的驾驶习惯等决定的. 故 m_c^i 在一段时间内相对稳定.

3）享乐花销

享乐花销 m_d^i 指家庭在娱乐、旅游、健身、美容、购物、电子产品、玩具等方面的花费. 这些花销不仅和家庭成员的人数相关，还和每位家庭成员的年龄、职业、性别、消费理念等相关. 因为每一位家庭成员的消费习惯是相对稳定的，m_d^i 在一段时间内也是相对稳定的.

3.1.3 居住舒适度

文献〔52〕中提到，居住舒适度 Z_i 是关于住房和小区属性的变量，该变量与小区的绿化覆盖率、交通便利性、公共设施完备性、安全设施、物业管理服务质量、房屋结构、房屋质量、使用面积、房屋合法性，以及小区附近是否有幼儿园、小学、蔬菜市场、医院、公园、银行、污染源等有关.

因为影响 Z_i 的因素过多，直接给出 Z_i 的表达式是不现实的，故本章借助房屋价格与房屋管理费来间接表示 Z_i. 首先，房屋价格与土地价格和房屋结构密切相关. 一方面，土地价格主要由土地面积、周边环境、土地位置、地形、交通、合法性、升值空间等共同决定. 另一方面，房屋结构主要由朝向、楼层、自然采光和通风性等共同决定. 其次，《物业服务收费管理办法》（发改价格〔2003〕1864 号）规定物业管理费取决于公共区域种植和养护花草、收集和清理垃圾、病害虫防治、建设和维护公共财产、防火设备、安保措施等的费用. 由上述分析可知, 可能影响房屋价格和房屋管理费的因素几乎包含了所有可能影响 Z_i 取值的因素, 即房屋价格与房屋管理费愈高, Z_i 值愈大. 故每个居住地 O_j 的 Z_i 与房屋价格 h_j 和房屋管理费 m_m^{ij} 正相关, 即

$$Z_i = Z_i^1 + Z_i^2 \tag{3.15}$$

其中, Z_i^1 与 Z_i^2 分别指的是由房屋价格与房屋管理费所影响的舒适度指数.

由于国内的传统观念, 中国家庭在能力范围内更偏好于购房而不是租房. 则当 F_i 选择在 $O_j \in O$ 购房时, 有

$$Z_i^1 = \begin{cases} 1, h_j = h^{\max} \\ 1 - \dfrac{\beta(h^{\max} - h_j)}{\bar{h} - h^{\min}}, \bar{h} < h_j < h^{\max} \\ \beta, h_j = \bar{h} \\ \beta - \dfrac{\beta(\bar{h} - h_j)}{\bar{h} - h^{\min}}, h^{\min} < h_j < \bar{h} \\ 0, h_j = h^{\min} \end{cases} \tag{3.16}$$

若 $F_i \in F$ 选择在 $O_j \in O$ 租房时, 有

$$Z_i^1 = \begin{cases} 1 - \alpha, h_j = h^{\max} \\ 1 - \dfrac{\beta(h^{\max} - h_j)}{\bar{h} - h^{\min}} - \alpha, h^{\max} + h^{\min} - \bar{h} < h_j < h^{\max} \\ 1 - \beta - \alpha, h_j = h^{\max} + h^{\min} - \bar{h} \\ \beta - \dfrac{\beta(\bar{h} - h_j)}{\bar{h} - h^{\min}}, h^{\min} < h_j < h^{\max} + h^{\min} - \bar{h} \\ -\alpha, h_j = h^{\min} \end{cases} \tag{3.17}$$

其中, $h^{\min} = \min \{h^j \mid j = 1, 2, \cdots, J\}$; $h^{\max} = \max \{h^j \mid j = 1, 2, \cdots, J\}$; $\bar{h}$ 是 $\{h^j \mid j = 1, 2, \cdots, J\}$ 的中位点; $0 < \alpha < 1$ 和 $0 < \beta < 1$ 是经验参数, 表示对于同一套房屋, 购房高于租房的 Z_i^1 值. 图 3-1 为 Z_i^1 与 m_m^{ij} 的关系图. 且有

$$Z_i^2 = \frac{m_p^{ij} - m_p^{\min}}{m_p^{\max} - m_p^{\min}} \tag{3.18}$$

其中, $m_p^{\min} = \min \{m_p^{ij} \mid j = 1, 2, \cdots, J\}$; $m_p^{\max} = \max \{m_p^{ij} \mid j = 1, 2, \cdots, J\}$.

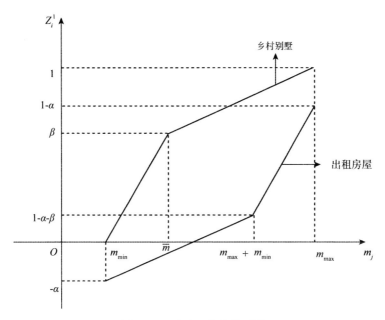

图 3－1　Z_i^1 与 m_m^{ij} 的关系图

3.1.4　模型建立

由 3.1.1 节和 3.1.2 节可知，F_i 选择居住地时，希望该居住地每位家庭成员的工作日通勤时间均尽可能少（最小化 T_i），所必需的家庭花销尽可能少（最小化 M_n^i）且更加适宜居住（最大化 Z_i）. 实际上，T_i 与 M_n^i 是不断变化的. 例如（1）在遇到一些特殊情况时，通勤时间与通勤花费会变化；（2）当遇到交通拥堵，通勤时间可能会增加；（3）M_n^i 是相对稳定的，但不是一成不变的. 除此之外，每个家庭的选择均会影响到其他家庭的选择. 例如，当选择某一居住地的家庭增多时，该居住地的房屋价格与通勤时间可能增加，反之亦然.

除了上述的三个居住地选择标准，每个家庭在选择居住地还要考虑到下述约束：（1）工作日的单趟通勤时间不得高于通勤时间上限；（2）月家庭支出（月家庭必需支出与偏好支出之和）不得超过 MDI；（3）当家庭选择贷款购房时，大多数国家的银行与贷款机构会规定每月按揭支付款不得高于 MDI 的 $p\%$；（4）月家庭必要支出尽可能不高于家庭预算，当某一居住地所需的家庭必需支出略高于该家庭预算，但其通勤时间更少或更适宜居住，该家庭极有可能会选择该居住地居住. 上述的前三个约束为确定型约束，最后一个为模糊型约束.

综上所述，关于家庭选择其居住地的带约束的模糊三目标优化模型为

$$\min \quad (\tilde{T}_i, \tilde{M}_n^i, -Z_i)$$

$$\text{s. t.} \quad \tilde{T}_i \leqslant T_{iu}$$

$$\tilde{M}_i \leqslant S_i \qquad\qquad (3.19)$$

$$\tilde{M}_n^i \leqslant \tilde{\beta}_i S_i$$

$$b^{ij} m_h^{ij} \leqslant pS, b^{ij} \in \{0, 1\}$$

其中，$b^{ij} = 1$ 表示 F_i 选择在居住地 O_j 购房；$b^{ij} = 0$ 表示 F_i 选择不在居住地 O_j 租房.

为了说明模型（3.19）的优点，表 3 – 1 将模型（3.19）与一些已有的模型进行了比较. 由表 3 – 1 可知：

（1）模型（3.19）相较于文献，讨论了更多的影响居住地选择的因素.

（2）模型（3.19）计算月家庭支出时，计算了房屋花销、房屋管理费、交通花销、日常花销、教育花销、汽车花销和享乐花销. 前 4 项是家庭必要花销，后 3 项属于家庭偏好花销. 而文献 ［4，12，52，67］中的模型仅仅考虑了房屋花销，文献 ［34，45］仅仅考虑了交通花销，文献 ［77］考虑了房屋花销与交通花销，文献 ［43 – 44，51］考虑了房屋花销、交通花销和日常花销.

（3）模型（3.19）在计算房屋花销时分为购房家庭与租房家庭分别计算，使得本章所建立的模型可以适用于更多的家庭. 而其他文献 ［4，5，12，34，43 – 45，51 – 52，67，77］中的模型均只考虑了买房家庭或租房家庭中的一种情况.

（4）模型（3.19）用家庭实际收入 MDI 作为家庭收入，而文献 ［5，12，34，45，52］没有对家庭收入进行定义，文献 ［51，77］将工资作为家庭收入.

（5）模型（3.19）通过对通勤时间的细致计算来提高计算准确性. 该通勤时间包含了交通时间、通过十字路口的时间、等车时间、公交车和轨道交通的站点停靠时间、步行进入或走出轨道交通站点的时间、换乘时间、从家门到居住地大门的交通时间，以及从目的地大门到工作地点或者教室的交通

时间. 而文献 ［5，34，44 - 45，51，77］ 中的模型计算了交通时间，文献 ［12］ 中的模型中用通勤距离来替代通勤时间，而在现实生活中，交通拥堵 使得通勤距离与通勤时间并非正相关.

3.2　模糊数据确定化

每一个准备更改居住地的家庭均可以通过求解模型（3.19）来获得新的 居住地. 显而易见，因为模型（3.19）中含有大量的模糊数据，直接求解难 度很大. 故，本章通过不确定经验函数（EUF）及隶属度函数（MF）将模糊 数据确定化.

对于每一个不确定变量 $\tilde{x}$，对其进行简单随机抽样并得到样本 $\{x_i\}$，通 过该样本计算 $\tilde{x}$ 的分布律 $P\{\tilde{x} \leqslant x_i\} = p_i$. 则 $\tilde{x}$ 的 EUF 为

$$\varphi(\tilde{x}) = \begin{cases} 0, \tilde{x} < x_1 \\ p_i + \dfrac{(p_{i+1} - p_i)(\tilde{x} - x_1)}{x_{i+1} - x_1}, x < \tilde{x}_1 < x_{i+1}, 1 \leqslant i \leqslant n-1 \\ 1, \tilde{x} > x_n \end{cases}$$

(3.20)

其图象可见图 3 - 2.

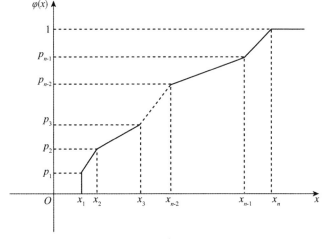

图 3 - 2　$\tilde{x}$ 的 EUF

然后，将模型（3.19）转化为确定型多目标规划模型（MOM）.

令 $\{m_i^e, t_i^e\}$（$i \in N$）为不确定变量 M_n^i 与 T_n^i 分别针对高收入家庭（$e=1$）、中等收入家庭（$e=2$）及低收入家庭（$e=3$）的样本. 若 $F_i \in F^e$（$e=1$，2，3），则有

$$\varphi_M^e(\tilde{M}_n^i) = \begin{cases} 0, \tilde{M}_n^i < 0 \\ p_i + \dfrac{(p_{i+1} - p_i)(\tilde{M}_n^i - m_i^e)}{m_{i+1}^e - m_i^e}, m_i^e < \tilde{M}_n^i < m_{i+1}^e \\ 1, \tilde{M}_n^i > M_{max}^e \end{cases} \qquad (3.21)$$

其中，$M_{max}^e = \max \{m_i^e \mid i \in N\}$；$p_i = P\{\tilde{M}_i \leqslant m_i^e\}$.

$$\varphi_T^e(\tilde{T}_i) = \begin{cases} 0, \tilde{T}_i < 0 \\ p_i + \dfrac{(p_{i+1} - p_i)(\tilde{T}_i - t_i^e)}{t_{i+1}^e - t_i^e}, t_i^e < \tilde{T}_i < t_{i+1}^e \\ 1, \tilde{T} > T_{max}^e \end{cases} \qquad (3.22)$$

其中，$T_{max}^e = \max \{t_i^e \mid i \in N\}$；$p_i = P\{\tilde{T}_i \leqslant t_i^e\}$. 且有

$$\varphi_\beta(\tilde{\beta}_i) = \begin{cases} 0, \tilde{M}_n^i < \tilde{\beta}_i S_i \\ \dfrac{\tilde{M}_n^i - \tilde{\beta}_i S_i}{S_i - \tilde{\beta}_i S_i}, \tilde{\beta}_i S_i < \tilde{M}_n^i < S_i \\ 1, \tilde{M}_n^i > S_i \end{cases} \qquad (3.23)$$

综上所述，当 $F_i \in F^e$（$e=1$，2，3）时，模型（3.19）可转换如下：

$$\begin{aligned} \min \quad & (\varphi_T^e(\tilde{T}_i), \varphi_M^e(\tilde{M}_n^i), \varphi_\beta(\tilde{\beta}_i), -Z_i) \\ \text{s.t.} \quad & \tilde{T}_i \leqslant T_{iu} \\ & \tilde{M}_i \leqslant S_i \\ & b^{ij} m_h^{ij} \leqslant pS, b^{ij} \in \{0,1\} \end{aligned} \qquad (3.24)$$

3.3　算法设计

由 3.2 节可知，模型（3.24）为一个四目标规划模型. 该模型可通过加权系数法[①]、最小最大法[②]、遗传算法、神经网络[③]等方法来求解. 其中前两种方法操作简单，易于求解，但是却只能得到一个最优解. 后两种方法可以保证解的多样性，但其计算复杂度较高.

显而易见，绝大多数家庭在同一时间只可能居住在一套房子中，则对于模型（3.19），只要得到其一个解就可以满足家庭的需求. 且在实际生活中，模型（3.19）的可行集为城市中的所有居住地集合 O 的子集，而 O 是已知的、有限的及离散的. 而神经网络不太适用于求解离散型优化问题，遗传算法在迭代过程中容易跳出可行集. 基于上述考虑，本章结合加权系数法与非支配集，设计了一个简单快速的算法来求解模型（3.24）.

3.3.1　算法引入

1. 准备知识

设 $O' = \{O_j \in O \mid \tilde{M}_n^i (O_j) \leqslant S_i,\ \tilde{T}_i (O_j) \leqslant T_{ui},\ b^{ij} h^{ij} \leqslant p S_i\}$ 为模型（3.24）的可行集，该可行集为已知集、有限集及离散集.

2. 非支配集

定义 1：若 O_1，$O_2 \in O'$，满足 $\varphi_M^e (\tilde{M}_n^i (O_1)) < \varphi_M^e (\tilde{M}_n^i (O_2))$，$\varphi_T^e (\tilde{T}_i (O_1)) < \varphi_T^e (\tilde{T}_i (O_2))$，$\varphi_\beta (\tilde{\beta}_i (O_1)) < \varphi_\beta (\tilde{\beta}_i (O_2))$ 与 $-Z_i (O_1) < -Z_i (O_2)$，则称 O_1 支配 O_2.

---

① M G Parsons, R L Scott. Formulation of multicriterion design optimization problems for solution with scalar numerical optimization methods [J]. Journal of Ship Research, 2004, 48 (1): 61-76.

② G Eichfelder. Adaptive scalarization methods in multiobjective optimization [M]. Berlin: Springer, 2008.

③ W Alonso. Location and land use: Toward a general theory of land rent [M]. Harvard University Press, Cambridge, 1964.

对于 $O_j \in O'$，令 $N_{O_j} = \{ O_j \in O' \mid O_j \text{ 支配 } O_i \}$，$n_{O_j} = | N_{O_j} |$，由定义 1 可知，非支配集 $L_0 = \{ O_j \mid O_j \in O', n_{O_j} = 0 \}$ 且 $l_0 = | L_0 |$.

3. 距离函数

令

$$
\begin{cases}
\varphi_{M_n^i}^{min} = \min_{O_j \in L_0} \{ \varphi_M^e(\tilde{M}_n^i(O_j)) \}, \varphi_{M_n^i}^{max} = \max_{O_j \in L_0} \{ \varphi_M^e(\tilde{M}_n^i(O_j)) \} \\[2mm]
\varphi_{T_i}^{min} = \min_{O_j \in L_0} \{ \varphi_T^e(\tilde{T}_i(O_j)) \}, \quad \varphi_{T_i}^{max} = \max_{O_j \in L_0} \{ \varphi_T^e(\tilde{T}_i(O_j)) \} \\[2mm]
\varphi_{\beta_i}^{min} = \min_{O_j \in L_0} \{ \varphi_\beta(\tilde{\beta}_i(O_j)) \}, \quad \varphi_{\beta_i}^{max} = \max_{O_j \in L_0} \{ \varphi_\beta(\tilde{\beta}_i(O_j)) \} \\[2mm]
Z_i^{min} = \min_{O_j \in L_0} \{ Z_i(O_j) \}, \qquad Z_i^{max} = \max_{O_j \in L_0} \{ Z_i(O_j) \}
\end{cases}
$$

$$(3.25)$$

模型（3.24）中每一个函数的距离函数为

$$
\begin{cases}
d(M_n^i(O_j)) = \dfrac{\varphi_M^e(\tilde{M}_n^i(O_j)) - \varphi_{M_n^i}^{min}}{\varphi_{M_n^i}^{max} - \varphi_{M_n^i}^{min}}, (\varphi_M^e(\tilde{M}_n^i(O_j)) < \varphi_{M_n^i}^{max}) \\[3mm]
d(\tilde{M}_n^i(O_j)) = M, (\varphi_M^e(\tilde{M}_n^i(O_j)) = \varphi_{M_n^i}^{max}) \\[3mm]
d(T_i(O_j)) = \dfrac{\varphi_M^e(\tilde{T}_i(O_j)) - \varphi_{T_i}^{min}}{\varphi_{T_i}^{max} - \varphi_{T_i}^{min}}, (\varphi_M^e(\tilde{T}_i(O_j)) < \varphi_{T_i}^{max}) \\[3mm]
d(T_i(O_j)) = M, (\varphi_M^e(\tilde{T}_i(O_j)) = \varphi_{T_i}^{max}) \\[3mm]
d(\beta_i(O_j)) = \dfrac{\varphi_\beta(\tilde{\beta}_i(O_j)) - \varphi_{\beta_i}^{min}}{\varphi_{\beta_i}^{max} - \varphi_{\beta_i}^{min}}, (\varphi_\beta(\tilde{\beta}_i(O_j)) < \varphi_{\beta_i}^{max}) \\[3mm]
d(\beta_i(O_j)) = M, (\varphi_\beta(\tilde{\beta}_i(O_j)) = \varphi_{\beta_i}^{max}) \\[3mm]
d(Z_i(O_j)) = \dfrac{Z_i^{max} - Z_i(O_j)}{Z_i^{max} - Z_i^{min}}, (Z_i(O_j) > Z_i^{min}) \\[3mm]
d(Z_i(O_j)) = M, (Z_i(O_j) = Z_i^{min})
\end{cases}
$$

$$(3.26)$$

其中，M 为一个非常大的数.

4. 获得最优解

对于任意的 $O_j \in L_0$，有

$$
d(O_j) = d(M_n^i(O_j)) + d(T_i(O_j)) + d(\beta_i(O_j)) + d(Z_i(O_j)) \quad (3.27)
$$

若对于任意的 $O_j \in L_0$，$d\,(O_{\text{opt}}) \leqslant d\,(O_j)$，则 O_{opt} 为模型（3.24）的最优解.

3.3.2 算法描述

根据上述讨论，求解模型（3.19）的算法步骤如下：

算法 2：

步骤 1：初始化.

步骤 1.1：随机获得 $F_i \in F^e \in F$.

步骤 1.2：$O = \{O_j \mid j = 1, 2, \cdots, J\}$.

步骤 1.3：初始化 C_i，T_{iu}，β_i. $D_{il} \in D$，p_i，S_i，b^{ij} 等.

步骤 2：计算可行集.

步骤 2.1：对于任意的 j，通过式（3.1）、式（3.10）和式（3.17）计算当 F_i 选择 $O_j \in O$ 居住时的 $\tilde{M}_i\,(O_j)$，$\tilde{M}_n^i\,(O_j)$，$\tilde{T}_i\,(O_j)$，$Z_i\,(O_j)$，m_h^{ij}.

步骤 2.2：从 $j = 1$ 到 $j = J$ 循环.

对于 O_j，若 $\tilde{M}_i\,(O_j) > S_i$，$\tilde{T}_i\,(O_j) > T_{iu}$ 且 $b^{ij} m_h^{ij} > p S_i$，则 $O' = O - O_j$.

步骤 3：模糊数据确定化. 从 $j = 1$ 到 $|O'|$ 循环.

利用式（3.20）、式（3.23）与式（3.26）计算当 F_i 选择在 $O_j \in O$ 居住时的 $\varphi_M^e\,(\tilde{M}_n^i\,(O_j))$、$\varphi_M^e\,(\tilde{T}_i\,(O_j))$ 和 $\varphi_\beta\,(\tilde{\beta}_i\,(O_j))$.

步骤 4：计算非支配集. 从 $j = 1$ 到 $|O'| - 1$ 循环，$k = j + 1$ 到 $|O'|$.

若有

$$\varphi_M^e(\tilde{M}_n^i(O_j)) \geqslant \varphi_M^e(\tilde{M}_n^i(O_k)) \qquad \varphi_M^e(\tilde{T}_i(O_j)) \geqslant \varphi_M^e(\tilde{T}_i(O_k))$$

$$\varphi_\beta(\tilde{\beta}_i(O_j)) \geqslant \varphi_\beta(\tilde{\beta}_i(O_k)) \qquad Z_i(O_j) < Z_i(O_k)$$

$O' = O' - O_j$，跳出循环；

若有

$$\varphi_M^e(\tilde{M}_n^i(O_j)) \geqslant \varphi_M^e(\tilde{M}_n^i(O_k)) \qquad \varphi_M^e(\tilde{T}_i(O_j)) \geqslant \varphi_M^e(\tilde{T}_i(O_k))$$

$$\varphi_\beta(\tilde{\beta}_i(O_j)) > \varphi_\beta(\tilde{\beta}_i(O_k)) \qquad Z_i(O_j) \leqslant Z_i(O_k)$$

$O' = O' - O_j$，跳出循环；

若有

$$\varphi_M^e(\tilde{M}_n^i(O_j)) \geqslant \varphi_M^e(\tilde{M}_n^i(O_k)) \qquad \varphi_M^e(\tilde{T}_i(O_j)) > \varphi_M^e(\tilde{T}_i(O_k))$$

$$\varphi_\beta(\tilde{\beta}_i(O_j)) > \varphi_\beta(\tilde{\beta}_i(O_k)) \qquad Z_i(O_j) \leqslant Z_i(O_k)$$

$O' = O' - O_j$, 跳出循环;

若有

$$\varphi_M^e(\tilde{M}_n^i(O_j)) > \varphi_M^e(\tilde{M}_n^i(O_k)) \qquad \varphi_M^e(\tilde{T}_i(O_j)) \geqslant \varphi_M^e(\tilde{T}_i(O_k))$$

$$\varphi_\beta(\tilde{\beta}_i(O_j)) > \varphi_\beta(\tilde{\beta}_i(O_k)) \qquad Z_i(O_j) \leqslant Z_i(O_k)$$

$O' = O' - O_j$, 跳出循环.

步骤5:通过式(3.25)计算 $\varphi_{M_n^i}^{\min}$, $\varphi_{M_n^i}^{\max}$, $\varphi_{T_i}^{\min}$, $\varphi_{T_i}^{\max}$, $\varphi_{\beta_i}^{\min}$ $\varphi_{\beta_i}^{\max}$, $Z_i^{\min}$, $Z_i^{\max}$.

步骤6:计算距离函数. 对于任意一个 $O_j \in O$, 通过式(3.26)计算 $d(M_n^i(O_j))$, $d(T_i(O_j))$, $d(\beta_i(O_j))$, $d(Z_i(O_j))$.

步骤7:选择.

步骤7.1:从 $j = 1$ 到 $|O'|$ 循环, 通过式(3.27)计算 $d(O_j)$.

步骤7.2:找出 $O_{opt} \in O'$, 使得 $d(O_{opt}) \leqslant d(O_j)$.

步骤8:输出结果. O_{opt} 为模型(3.19)的最优解.

3.4 算例

3.4.1 算例1

在中国,因为九月份学校开学,六七月份学生毕业工作,大多数家庭会在六月至八月之间选择更改其居住地. 为了验证本章所提出的模型与算法的有效性与实用性,本研究在2017年六月份,在陕西省西安市发放了400份问卷调查,并收回了有效的调查问卷250份. 图3-3(来源为360地图)为这250个家庭希望的居住区域的居住地地图(该区域内有投入使用的轨道交通). 在2017年十月份,通过对这250个家庭进行回访,得到其中有71个家庭在图3-3所示的居住地中选择了新的居住地.

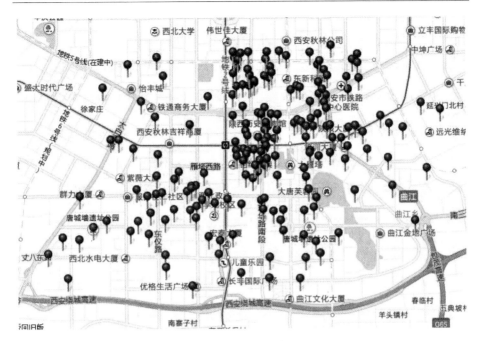

图 3 - 3　居住地地图

由西安市统计局的统计数据可知，西安市城市居民 2016 年的人均年收入为 35 630 元，2017 年的人均年收入为 38 536 元，则通过 MDI 将所有的家庭分为高收入、中等收入和低收入家庭三类．

高收入家庭：MDI 不低于 25 000 元．

中等收入家庭：MDI 介于 4 000 元和 25 000 元之间．

低收入家庭：MDI 不高于 4 000 元．

中国银行保险监督管理委员会规定贷款购房的月还款金额不得高于 MDI 的 50%，即 $p = 0.5$．

令 $(\alpha, \beta) = \{(0.1, 0.1), (0.1, 0.2), (0.1, 0.3), (0.1, 0.4),$ $(0.1, 0.5), (0.1, 0.6), (0.1, 0.7), (0.1, 0.8), (0.1, 0.9), (0.2,$ $0.2), (0.2, 0.3), (0.2, 0.4), (0.2, 0.5), (0.2, 0.6), (0.2, 0.7),$ $(0.2, 0.8), (0.3, 0.3), (0.3, 0.4), (0.3, 0.5), (0.3, 0.6), (0.3,$ $0.7), (0.4, 0.4), (0.4, 0.5), (0.4, 0.6), (0.5, 0.5)$ 来计算式 (3.16) 与式 (3.17)．通过比较 Z_i 的分布律，当 $(\alpha, \beta) = \{(0.4, 0.5),$ $(0.5, 0.5)\}$ 时，Z_i 的方差为 0.18，为所有样本中最大的．而 Z_i 的均值分别

为0.11与0.09，而（α，β）=（0.4，0.5）相较于（α，β）=（0.5，0.5）时的期望值更接近于 [$-\alpha$，1] 的中值. 故最后选择（α，β）=（0.4，0.5）为经验参数值.

利用这250个家庭的数据为样本，通过式（3.23）~式（3.26）计算 M_n^i 与 Z_i 的 EUFs，其结果见表3-2和表3-3.

表3-2　图3-2中 $\tilde{M}_n^i(O_j)$ 的 EUF

高收入家庭		中等收入家庭		低收入家庭	
$x/元$	$\varphi_M^1(\tilde{x})$	$x/元$	$\varphi_M^2(\tilde{x})$	$x/元$	$\varphi_M^3(\tilde{x})$
≥21 000	1	≥15 000	1	≥15 000	1
20 000	0.952 4	14 000	0.983 6	4 000	0.75
19 000	0. 904 8	13 000	0.967 2	3 000	0.583 3
18 000	0.857 1	12 000	0.950 8	2 000	0.25
17 000	0.809 5	11 000	0.934 4	≤1 000	0.083 3
16 000	0.761 9	10 000	0.918 0		
15 000	0.714 3	9 000	0.852 5		
14 000	0.666 7	8 000	0.836 1		
13 000	0.619 0	7 000	0.737 7		
12 000	0.571 4	6 000	0.655 7		
11 000	0.523 8	5 000	0.557 4		
10 000	0.476 2	4 000	0.409 8		
9 000	0.333 3	3 000	0.163 9		
8 000	0.285 7	2 000	0.095 2		
7 000	0.142 9	≤1 000	0		
≤1 000	0				

表 3-3 $\tilde{T}_i$ (O_j) 的 DUDF

高收入家庭		中等收入家庭				低收入家庭	
$x/元$	$\varphi_T^1(\tilde{x})$	$x/元$	$\varphi_T^2(\tilde{x})$	$x/元$	$\varphi_T^2(\tilde{x})$	$x/元$	$\varphi_T^3(\tilde{x})$
≥40	1	≥65	1	25	0.6812	≥40	1
35	0.9286	60	0.9855	20	0.5507	15	0.9091
30	0.7857	55	0.9710	15	0.3188	10	0.1818
25	0.6429	50	0.9565	10	0.087	≤5	0
20	0.5	45	0.9420	≤5	0		
15	0.3571	40	0.9130				
10	0.0714	35	0.8116				
≤5	0						

表 3-4 为准备更改居住地的 71 个样本家庭的样本数据.

表 3-4 样本家庭数据

F_i	买/租	家庭人数	S_i /万元	T_{ui} /min	$\tilde{\beta}_i$	C_i	F_i	买/租	家庭人数	S_i /万元	T_{ui} /min	$\tilde{\beta}_i$	C_i
F_1	租	4	1.4	50	0.5	0	F_2	租	3	1.2	50	0.6	1
F_3	租	5	13.2	40	0.6	1	F_4	租	4	1.6	45	0.5	0
F_5	租	4	1.8	45	0.4	1	F_6	租	4	1.2	40	0.9	1
F_7	租	5	1.08	50	0.5	1	F_8	租	3	1.26	30	0.5	1
F_9	买	4	19.2	40	0.4	1	F_{10}	买	3	1.14	20	0.4	1
F_{11}	买	3	1.9	35	0.5	1	F_{12}	买	4	1.32	45	0.4	1
F_{13}	买	3	1.38	45	0.6	1	F_{14}	买	4	1.32	45	0.6	1
F_{15}	买	3	1.38	40	0.4	1	F_{16}	买	4	1.2	35	0.5	1
F_{17}	买	4	1.08	40	0.5	1	F_{18}	买	3	1.14	40	0.5	1
F_{19}	买	3	1.32	40	0.8	1	F_{20}	买	4	1.44	35	1	1
F_{21}	买	3	1.2	30	0.6	1	F_{22}	买	3	2.4	50	0.9	2
F_{23}	买	4	1.56	40	0.5	1	F_{24}	买	5	1.8	40	0.6	1
F_{25}	买	3	1.2	30	0.6	1	F_{26}	买	5	2.46	50	0.7	1
F_{27}	买	4	1.44	30	0.4	1	F_{28}	买	6	1.92	45	0.6	1
F_{29}	买	3	1.8	25	0.4	1	F_{30}	买	3	1.8	30	0.5	1
F_{31}	买	3	2.04	45	0.6	1	F_{32}	买	4	1.68	50	0.4	0
F_{33}	买	5	1.8	50	0.5	0	F_{34}	买	4	1.92	50	0.5	0
F_{35}	买	3	1.56	40	0.4	1	F_{36}	买	5	1.8	50	0.8	2

F_i	买/租	家庭人数	S_i/万元	T_{ui}/min	$\tilde{\beta}_i$	C_i	F_i	买/租	家庭人数	S_i/万元	T_{ui}/min	$\tilde{\beta}_i$	C_i
F_{37}	买	4	1.92	40	0.4	1	F_{38}	买	5	2.04	45	0.65	2
F_{39}	买	3	1.98	50	0.7	1	F_{40}	买	3	1.56	50	0.6	1
F_{41}	买	5	1.2	50	0.4	0	F_{42}	买	4	1.32	50	0.4	1
F_{43}	买	3	2.4	40	0.4	1	F_{44}	买	3	1.44	45	0.5	1
F_{45}	买	3	1.26	50	0.4	1	F_{46}	买	3	1.2	40	0.5	1
F_{47}	买	3	1.5	50	0.4	1	F_{48}	买	3	24	60	0.5	1
F_{49}	租	4	0.48	40	0.5	0	F_{50}	租	3	0.6	50	0.9	1
F_{51}	租	3	0.72	35	0.8	1	F_{52}	租	3	0.8	30	0.75	0
F_{53}	买	3	0.8	50	0.4	0	F_{54}	买	3	0.78	50	0.4	0
F_{55}	买	3	0.72	50	0.7	1	F_{56}	买	4	0.66	50	0.7	0
F_{57}	买	6	0.7	50	0.9	0	F_{58}	买	3	0.48	45	0.7	0
F_{59}	买	6	0.78	45	0.8	1	F_{60}	买	3	0.7	50	0.8	1
F_{61}	买	3	0.66	30	0.75	1	F_{62}	买	4	0.7	30	0.5	0
F_{63}	买	3	0.54	40	0.45	1	F_{64}	租	3	3.6	50	0.5	2
F_{65}	买	6	6	50	0.6	3	F_{66}	买	3	4.5	40	0.5	2
F_{67}	买	3	3.9	45	0.5	1	F_{68}	买	3	3.6	40	0.4	1
F_{69}	买	5	3.2	50	0.4	1	F_{70}	买	6	3.9	40	0.5	1
F_{71}	买	4	2.9	50	0.7	2							

　　将表 3-2~表 3-4 的数据代入模型 (3.19) 及算法 2, 对这 71 个准备更改居住地的家庭进行居住地预测. 再将表 3-2~表 3-4 的数据依次代入文献 [12, 51, 45, 34] 中的模型与算法, 对这 71 个准备更改居住地的家庭进行居住地预测. 所有预测结果见表 3-5.

表 3-5　结果比较

F_i	家庭实际选择结果	计算结果				
		模型 (3.19)	[12]	[51]	[45]	[34]
F_1	SP	SP	NF	NF	NF	YH
F_2	XJ	XJ, QC	XJ	CW	CW, FR	XJ
F_3	XJ	XJ	BL, YM	BL	LX, ZJ	SA, LX
F_4	SM	SA, BL	SM, DY	SA, SM	SM	SA

F_i	家庭实际选择结果	计算结果				
		模型 (3.19)	[12]	[51]	[45]	[34]
F_5	SA	SA, QC	SA	SA	SA	SA, LX
F_6	SN	SN, SA	SN	SN	SN	SA, LX
F_7	CQ	CQ	BL, HX	CQ	ZJ, LX	SA, ZH
F_8	TT	TT	TT, SPN	TT, FR	TT	ZJ, YH
F_9	SH	SH	FJ, SH	SH	LD, CW	LD
F_{10}	TT	TT	TT, CW	TT	TT, YC	SA
F_{11}	BL	BL, YM	BL	QX	LD, BL	BL
F_{12}	YM	TH, YM	YM	YM	ZJ	YM, ZJ
F_{13}	DF	SS, DF	DF, FR	FR	ZJ	ZJ, HJ
F_{14}	KR	BL, XY	GJ	GJ	GJ, ZH	YH, ZJ
F_{15}	CS	TH, CS	FR, YM	FR	ZJ, LD	ZH
F_{16}	SM	YM, SM	YM, CW	SM	SA, LX	SA, LX
F_{17}	YM	YM, ZT	YM, XX	YM	SA, ZJ	YM, SA
F_{18}	CC	BL	BL, CC	DY	LX	NF, SA
F_{19}	SM	SM, BL	FR, BL	SM	FR, ZJ	YH, SA
F_{20}	SM	JY, YM	MH, YM	MH	YV, LX	LH, LX
F_{21}	CQ	FJ, CQ	CQ, YM	CQ	CQ, ZJ	LX, CQ
F_{22}	SG	JY, SG	SG, BS	CW	YC, FR	HJ, SA
F_{23}	YM	YM	FR, YM	FR, YM	DY, YM	FR, YM
F_{24}	YM	YM	YM, BL	YM	YM	YM
F_{25}	SM	SM	YH	YH	YH, SM	YH
F_{26}	WY	WY	XL, SA	JH	SU, LX	BS, ZH
F_{27}	NF	NF, JS	YM, NF	NF	CA, NF	NF
F_{28}	CW	CW, BL	YM, CW	YM	YH	LX, SA
F_{29}	TT	TT	CW, TT	CW, TT	LX, TT	LX, TT
F_{30}	CQ	CQ	SA	SA	ZJ	ZJ
F_{31}	YM	YD, YM	YM	NF	LD	LD, ZH
F_{32}	YD	JSS, YD	ZH, FR	DY	ZJ	ZJ, LX
F_{33}	QL	QC, ZT	YH	YH	ZH	YH
F_{34}	QL	QC, CJ	QJ	QJ	ZJ	ZJ, LX

F_i	家庭实际选择结果	计算结果				
		模型（3.19）	[12]	[51]	[45]	[34]
F_{35}	XU	XU	XU	XU	XU	XU
F_{36}	JX	JX	JX	JX	JX	JX
F_{37}	TT	TT, ZT	TT	TT	TT	TT
F_{38}	QN	JY, QN	FR, QN	FR	SA, LX	SA
F_{39}	CS	MD, MH	LX, FR	CS, FR	ZJ, LX	SA
F_{40}	HC	MD, HC	XQ, YH	XQ	XQ, YH	XQ, YH
F_{41}	HC	YD	FR, LX	FR, CQ	FR	SA, YH
F_{42}	IT	IT	CW	CW	SSF	ZH, ZJ
F_{43}	XY	XU	JL, ZH	JL	XU	XU
F_{44}	XU	XU	XU, SA	XU	XU	XU, SA
F_{45}	SF	JY, ZT	SA, YM	FR	ZJ, LX	SA, LX
F_{46}	SM	SM	SM, FR	SM	SM	ZJ, LX
F_{47}	SA	YD	BL	BL	SA	SA
F_{48}	TT	JL	ZH	JL	ZH	ZH
F_{49}	TT	TT, DX	SA	TT	XL, YC	XL
F_{50}	QS	LX	SA, YM	FR	LX	SA, LX
F_{51}	SY	SY, NF	WY, SA	SY	YH, LX	YH
F_{52}	SM	SU, SM	SA, YM	SM	FR	HJ, ZH
F_{53}	XY	MD, XY	XY, YH	YH	YH	ZJ, XY
F_{54}	XY	BL	FR	XY	BL, XY	XY, BL
F_{55}	SM	JS, MH	SM, SA	DY	SA, LD	YH, SM
F_{56}	BL	SS, BL	BL	BL	SA, BL	BL
F_{57}	HX	YM, BL	HX	GJ	SA, JY	GJ, SA
F_{58}	QL	QL	YM	TL	SA, FJ	LX
F_{59}	SA	SA, YM	SA, YM	CW	SA	SA
F_{60}	FR	FR, BL	FR, SA	FR	FR	FR, YH
F_{61}	SN	SN, DY	SN	SN	SN	SN
F_{62}	XJ	XJ	XJ, SA	XJ	XJ, LX	XJ
F_{63}	JG	JG, DY	SA, YM	FR	FR, LX	DY, SA
F_{64}	LX	LX, SA	BS, ZH	LX	LX	SA, LX

F_i	家庭实际选择结果	计算结果				
		模型（3.19）	[12]	[51]	[45]	[34]
F_{65}	QG	QG	QG, ZH	DY	DY, QG	SA, QG
F_{66}	XX	JY, XX	BS, ZH	SA	LX	SA, LX
F_{67}	HT	CW, QG	QG, ZH	HT	FR, DY	SA, LX
F_{68}	YM	YM	BS, ZH	LH	SA, LX	SA
F_{69}	QH	JL	QH	DY	ZJ, LX	SA, LX
F_{70}	YH	YH, QC	ZH	YH	HJ	YH
F_{71}	ZY	JY, YY	ZY	FR	LD	ZY
CRN	55	39	36	27	29	

备注：BL 为百隆广场；为 CC 为纯粹小区；为 CQ 为长庆坊；为 CS 为通讯学院家属院；为 CW 为翠微园；为 DF 为雁塔区政府家属院；为 DY 为大雁塔小学家属院；为 DX 为东苑小区；为 FJ 为 F 丰景佳园；为 HC 为后村小区；为 FR 为电信科学技术第四研究所家属院；为 HT 为海天华庭；为 HX 为亨通小区；为 JS 为建设路小区；为 IT 为政治学院家属院；为 JG 为机关小区；为 LX 为蓝溪花园；为 JY 为佳园别墅；为 JX 为景园新区；为 KR 为科荣花园；为 MD 为明德门小区；为 MH 为明德华园大厦；为 NF 为二六二厂家属院；为 QC 为青春苑；为 QG 为曲江公馆；为 QH 为曲江华府；为 QJ 为曲江观邸；为 QL 为青龙小区；为 QN 为曲江南苑；为 QS 为质监所家属院；为 SA 为陕西省行政学院家属院；为 SF 为时丰中央公园；为 SG 为苏格兰风笛；为 SH 为陕西省历史博物馆家属院；为 SM 为省军区家属院；为 SN 为国防公办家属院；为 SU 为陕师大家属院；为 SP 为陕西省政府家属院；为 SS 为风景区家属院；为 TH 为天豪花园；为 TT 为电信科学技术第十研究所家属院；为 XJ 为西安交通大学家属院；为 XU 为西安邮电大学家属院；为 XX 为小悉尼自由岛；XY 为西影路小区；为 WY 为瓦窑小区；为 YD 为益华大厦；为 YH 为雅荷翠华小区；为 YL 为雅兰花园；为 YM 为雁鸣小区；为 YY 为颖园小区；为 ZT 为中泰嘉苑；ZY 为紫御华府.

表 3-5 罗列了该 71 个样本家庭的实际选择居住地与分别按照本章及文献［12，51，45，34］中的模型与算法所计算出来的居住地. 该表中最后一行的 CRN 表示每种模型的计算结果与实际选择结果相一致的家庭数目. 从表 3-5 可知，对于这 71 个样本家庭，模型（3.19）的 CRN 为 55，而文献［12，51，45，34］的 CRN 分别为 39、36、27 与 29，可知，模型（3.19）的预测结果相较于文献［12，51，45，34］与实际选择结果更加一致.

通过表 3-5 可知，相较于其他 4 个模型：

（1）模型（3.19）计算了最多的影响家庭居住地选择的因素，虽然考虑的因素越多，需要收集的数据越多，但同时也会使得预测结果更加符合实际选择结果，即大量的数据工作是值得去做的.

（2）文献［34，45］的模型旨在家庭支付能力范围内寻找使得家庭生活条件最好的居住地，文献［45，51］的模型建立在单一CBD的基础之上，文献［12］旨在寻找最短的通勤距离而忽略了交通拥堵情况下的通勤时间不等同于通勤距离.

故本章所提出的模型与算法相较于其他模型更加实用，能够给预更改居住地的家庭更加理智的建议，能够帮助地产开发商估计房价是否符合市场的要求，并协助政府预测城市空间的发展趋势.

3.4.2 算例2

如图3-4所示，把一个小型城市分成18个居住区（1~18），4个主要目的地（A、B、C、8）. 现已知，城市中已有一条轨道交通6—7—8—9—10，还有一条规划中的轨道交通B—17—3—8—13—14—15—C. 公交车线路为A—1—2—3—4—5，6—7—8—9—10，11—12—13—14—15—C，A—1—6—11，B—17—3—8—13，5—10—15—C，11—12—7—2—16—17—B，C—15—14—9—4—18—17—B，共8条线路.

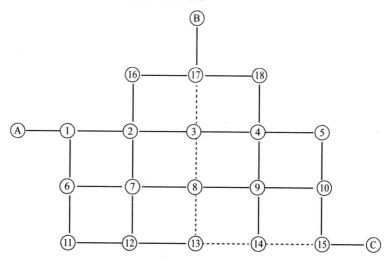

图 3 - 4　虚拟城市规划图

各居住地、目的地之间都有双向的道路连通，每条道路相反两方向的容

量和自由流速度相同. 各道路的长度、容量和自由流速度等静态数据见表 3 -
6. 且在交通高峰期，步行、自行车、电动自行车与摩托车的速度分别为
3 km/h，16 km/h，35 km/h，60 km/h. 交通信号灯的红灯与绿灯时长均为 1
min. 如果道路上有公交专用道，则公交车的速度为 40 km/h，并且其需要两
个灯时才能通过十字路口，而其他机动车则需要三个灯时来通过十字路口.

表 3 - 6　地上交通路网（交通状况改善前后）的静态属性

道路	长度/km	容量 /（veh/h）	自由流速 /（km/h）	道路	长度/km	容量 /（veh/h）	自由流速 /（km/h）
A—1	0.5	5 000	60	17—18	3.5	5 000	60
1—2	6	4 000	50	1—6	4	5 000	60
2—3	3.5	4 000	50	6—11	5	5 000	60
3—4	3.5	3 500	40	2—16	6	5 000	60
4—5	6	5 000	60	2—7	4	3 500	40
6—7	6	4 000	50	7—12	5	3 500	40
7—8	3.5	4 000	50	B—17	0.4	5 000	60
8—9	3.5	4 000	50	3—17	6	5 000	60
9—10	6	3 500	40	3—8	4	4 000	50
11—12	6	4 000	50	8—13	5	4 000	50
12—13	3.5	3 500	40	4—18	5	5 000	60
13—14	3.5	3 500	40	4—9	4	3 000	35
14—15	6	4 000	50	9—14	5	3 500	40
15—C	0.3	5 000	60	5—10	4	5 000	60
16—17	3.5	5 000	60	10—15	5	5 000	60

道路流量/容量和平均速度/自由流速度之间的数值对应关系见表 3 - 7.

表 3 - 7　道路平均速度与流量对照表

道路流量 /容量	平均速度 /自由流速度	道路流量 /容量	平均速度 /自由流速度
≤0.3	1	0.9	9/35
0.4	34/35	1.0	4/35
0.5	31/35	1.1	3/35
0.6	24/35	1.2	2/35
0.7	19/35	≥1.3	0
0.8	14/35		

假设该城市中每个家庭的人数为两人，且对于每一个人，其每月工作 20 天，每天往返一次. 其由家门口到居住地大门的通勤时间均为 $t_c^{ij} = 10$ min，由目的地大门到办公室或者教室的时间均为 $t_d^{il} = 10$ min. 公交车采用一票制 $\mu_5^{il} = 1$ 元，公交车的等车时间为 $\omega_5 = 7$ min，停靠时间为 $\varpi_{r1} = 3$ min. 轨道交通也采用一票制 $\mu_5^{il} = 3$ 元，其等车时间为 $\omega_8 = 4$ min，停靠时间为 $\varpi_{r2} = 1.5$ min，进出轨道交通站的时间为 $\zeta = 5$ min. 且将该城市中的家庭分为三大类，分别为高收入家庭、中等收入家庭和低收入家庭.

高收入家庭：MDI 为 $S_i = 3$ 万元. 日常花销、教育花销、享乐花销共占家庭收入的 40%. 家庭预算为 $\tilde{\beta}_i = 0.6$. 家庭拥有两辆汽车，每个月的汽车花销为 0.1 万元，且油耗为 $o_{il} = 0.7$ 元/km.

中等收入家庭：MDI 为 $S_i = 1.5$ 万元. 日常花销、教育花销、享乐花销共占家庭收入的 40%. 家庭预算为 $\tilde{\beta}_i = 0.6$. 家庭拥有一辆汽车，每个月的汽车花销为 0.07 万元，且油耗为 $o_{il} = 0.5$ 元/km.

低收入家庭：MDI 为 $S_i = 0.6$ 万元. 日常花销、教育花销、享乐花销共占家庭收入的 30%. 家庭预算为 $\tilde{\beta}_i = 0.8$. 家庭不拥有汽车，故每个月的汽车花销为 0 万元.

假设每个居住地点都有 20% 的高、中等、低收入家庭想要改变他们的居住地点，而且针对不同的目的地，这些家庭是均匀分布的. 表 3-8 列出了每个居住地的静态属性.

表 3-8　居住地的静态属性

居住地	普通房屋房价/万元	高档房屋房价/万元	普通房屋月租/千元	高档房屋月租/千元	普通房屋月管理费/元	高档房屋月管理费/元	最低人均日常花销/元	高收入家庭比例/%	中等收入家庭比例/%	低收入家庭比例/%	租房家庭比例/%	购房家庭比例/%
1	54	81	2	3	500	600	600	20	65	15	35	65
2	44	66	1.65	2.5	450	540	550	20	60	20	30	70
3	47	70.5	1.75	2.6	450	540	550	20	60	20	30	70
4	43	64.5	1.7	2.55	450	540	550	20	60	20	25	75
5	30	45	1.1	1.65	350	420	450	10	60	30	15	85
6	45	67.5	1.75	2.6	450	540	550	20	60	20	30	70

居住地	普通房屋房价/万元	高档房屋房价/万元	普通房屋月租/千元	高档房屋月租/千元	普通房屋月管理费/元	高档房屋月管理费/元	最低人均日常花销/元	高收入家庭比例/%	中等收入家庭比例/%	低收入家庭比例/%	租房家庭比例/%	购房家庭比例/%
7	46	69	1.8	2.7	450	540	550	20	60	20	30	70
8	70	105	2.5	3.75	600	600	700	30	60	10	40	60
9	47	70.5	1.8	2.7	450	540	550	20	60	20	30	70
10	48	72	1.75	2.6	450	540	550	20	60	20	30	70
11	28	46	1.1	1.65	350	420	450	10	60	30	15	85
12	30	45	1.2	1.8	350	420	500	10	60	30	25	75
13	46	69	1.7	2.55	450	540	550	20	60	20	30	70
14	47	70.5	1.2	1.8	350	420	500	10	60	30	30	70
15	52	78	2	3	500	600	600	20	65	15	35	65
16	40	60	1.5	2.25	400	480	550	10	80	10	30	70
17	58	87	2.1	3.15	500	600	600	20	65	15	35	65
18	38	57	1.5	2.25	400	480	550	10	80	10	30	70

　　需要指出的是，如果新的地铁线路投入使用，那么在该地铁沿线的房屋价格和租金将会增加 20%. 除此之外，如果某一居住地的房屋居住率超过 80%，则该居住地的房屋价格和租金会增加 10%. 如果其房屋居住率超过 90%，则该居住地的房屋价格和租金会再次增加 15%. 如果其房屋居住率超过 95%，则该居住地的房屋价格和租金会增加 20%. 另外，如果某一居住地的房屋居住率低于 50%，则该居住地的房屋价格和租金会降低 10%. 如果其房屋居住率低于 40%，则该居住地的房屋价格和租金会再次降低 15%. 如果其房屋居住率低于 30%，则该居住地的房屋价格和租金会再次降低 20%.

　　关于式（3.16）和式（3.17）中的 α，β，分别尝试了如下参数取值：$(\alpha, \beta) = \{$（0.1, 0.1），（0.1, 0.2），（0.1, 0.3），（0.1, 0.4），（0.1, 0.5），（0.1, 0.6），（0.1, 0.7），（0.1, 0.8），（0.1, 0.9），（0.2, 0.2），（0.2, 0.3），（0.2, 0.4），（0.2, 0.5），（0.2, 0.6），（0.2, 0.7），（0.2, 0.8），（0.3, 0.3），（0.3, 0.4），（0.3, 0.5），（0.3, 0.6），（0.3, 0.7），（0.4, 0.4），（0.4, 0.5），（0.4, 0.6），（0.5, 0.5）. 通过比较，当（α,

β) = （0.3，0.5）时，Z 的期望为 0.36，与其中间值 0.35 = $\frac{-\alpha+1}{2}$ 最为接近，且 Z 的方差为 0.21，而当（α，β）遍历上述所有取值时，每组 Z_i 值的方差的期望为 0.22. 故当（α，β）= （0.3，0.5）时，Z_i 值的分布较为均匀，故本例取参数（α，β）= （0.3，0.5）.

本例中，采用所有的家庭作为样本来计算 M_n^i 与 T_i 的 EUFs，见式（3.22）~式（3.26），针对不同的家庭，其结果见表 3-9 和表 3-10.

表 3-9　$\tilde{M}_n^i（O_j）$ 的 EUFs

高收入家庭		中等收入家庭		低收入家庭	
x/元	$\varphi_M^1（\tilde{x}）$	x/元	$\varphi_M^2（\tilde{x}）$	x/元	$\varphi_M^3（\tilde{x}）$
≥11 200	1	≥10 800	1	≥6 000	1
9 600	0.986 8	9 200	0.993 1	5 900	0.820 2
9 100	0.981 1	8 800	0.990 1	5 600	0.776 0
8 600	0.966 0	8 200	0.978 3	5 500	0.761 4
8 300	0.935 5	8 000	0.962 1	5 400	0.704 7
8 200	0.813 1	7 900	0.940 7	5 300	0.665 7
7 800	0.806 6	7 800	0.862 4	5 200	0.626 0
7 700	0.747 9	7 400	0.857 3	5 000	0.622 6
7 600	0.732 8	7 300	0.807 3	5 100	0.609 4
7 300	0.692 6	7 200	0.774 1	4 800	0.604 3
7 200	0.645 9	7 000	0.762 2	4 700	0.538 1
7 100	0.587 2	6 900	0.743 9	4 600	0.480 3
7 000	0.516 0	6 800	0.722 5	4 500	0.453 3
6 800	0.501 0	6 700	0.626 5	4 400	0.444 3
6 900	0.490 7	6 500	0.567 9	4 300	0.423 1
6 600	0.480 7	6 400	0.564 9	4 200	0.410 5
6 500	0.421 6	6 200	0.559 8	4 000	0.353 2
6 400	0.346 9	6 100	0.550 5	3 900	0.349 3
6 300	0.313 4	6 000	0.443 7	3 800	0.322 1
6 200	0.310 4	5 900	0.417 3	3 700	0.267 0
6 100	0.279 4	5 800	0.412 7	3 600	0.219 3
6 000	0.271 8	5 700	0.378 4	3 500	0.210 3
5 900	0.265 4	5 600	0.362 6	3 200	0.180 8

高收入家庭		中等收入家庭		低收入家庭	
$x/$元	$\varphi_M^1\ (\tilde{x})$	$x/$元	$\varphi_M^2\ (\tilde{x})$	$x/$元	$\varphi_M^3\ (\tilde{x})$
5 800	0.249 3	5 500	0.339 1	3 100	0.167 2
5 700	0.240 0	5 400	0.328 8	3 000	0.135 4
5 600	0.234 9	5 300	0.312 9	2 600	0.104 3
5 500	0.179 4	5 200	0.260 8	2 500	0.059 0
5 400	0.109 6	5 100	0.181 5	2 400	0.013 6
5 300	0.099 5	5 000	0.173 6	<2 400	0
5 200	0.081 9	4 900	0.136 7		
5 000	0.076 9	4 800	0.128 8		
4 800	0.069 7	4 600	0.117 5		
4 700	0.058 0	4 500	0.099 0		
4 300	0.038 6	4 400	0.067 4		
4 200	0.010 1	4 300	0.060 6		
4 100	0.005 0	4 000	0.042 2		
<4 100	0	3 900	0.015 8		
		3 800	0.008 0		
		<3 800	0		

表 3 – 10　$\tilde{T}_i\ (O_j)$ 的 EUFs

$x/\min$	高收入家庭 $\varphi_T^1\ (\tilde{x})$	中等收入家庭 $\varphi_T^2\ (\tilde{x})$	低收入家庭 $\varphi_T^3\ (\tilde{x})$
≥90	1	1	1
85	0.978 3	0.982 9	0.992 2
80	0.956 5	0.974 4	0.984 3
75	0.934 8	0.970 1	0.961 0
70	0.891 3	0.961 5	0.953 1
65	0.869 6	0.953 0	0.945 3
60	0.847 8	0.948 7	0.937 5
55	0.804 3	0.901 7	0.828 1
50	0.782 6	0.888 9	0.796 9
45	0.717 4	0.786 3	0.765 6
40	0.652 2	0.752 1	0.726 6
35	0.587 0	0.675 2	0.671 9

$x/\min$	高收入家庭 $\varphi_T^1(\tilde{x})$	中等收入家庭 $\varphi_T^2(\tilde{x})$	低收入家庭 $\varphi_T^3(\tilde{x})$
30	0.543 5	0.615 4	0.648 4
25	0.413 0	0.448 7	0.437 5
20	0.326 1	0.371 8	0.414 1
15	0.217 4	0.213 7	0.281 3
10	0.108 7	0.141 0	0.171 9
<5	0.021 7	0.042 7	0.070 3

利用上述所有数据及算法 2 求解相应的模糊三目标优化模型，本例做了如下 4 组数值实验.

第 1 组：假设该城市未设置公交专用道，城市地上交通属性如表 3 - 6 所示，则欲更改居住地的家庭选择结果如表 3 - 11 所示.

表 3 - 11　第 1 组数值实验的家庭选择结果

目的地	高收入家庭			中等收入家庭			低收入家庭		
	选择小区	房屋类型	家庭数量	选择小区	房屋类型	家庭数量	选择小区	房屋类型	家庭数量
8	8	BO	302	7	BO	430	5	RO	117
				8	BO	28	8	RO	33
				9	BO	454	12	RH	112
A	1	BO	272	1	BO	524	2	RH	36
				1	RO	69	7	RH	65
				6	BO	204	12	RO	192
				12	BO	140			
B	17	BO	249	4	BH	60	2	BO	191
				16	BH	78	17	RH	93
				17	BO	724			
				18	BO	99			
C	14	BH	84	10	BO	89	13	BO	91
	15	BO	192	14	BO	120	14	BO	175
				15	BO	661	14	RH	22
				15	RO	121	14	RO	71

目的地	高收入家庭			中等收入家庭			低收入家庭		
	选择小区	房屋类型	家庭数量	选择小区	房屋类型	家庭数量	选择小区	房屋类型	家庭数量
8，A	6	BH	117	1	RO	148	6	RH	101
	6	BO	69	7	BO	207	7	RO	110
				7	RO	171			
				13	RH	117			
8，B	7	BH	103	3	BO	83	13	RH	84
	8	BO	118	8	BO	699	13	BO	153
8，C	8	BO	57	9	BO	91	13	RO	152
	9	BH	108	9	RH	84	14	RH	22
				9	RO	101	15	RO	23
				13	BO	53			
				14	BO	53			
A，B	16	BH	118	2	BO	175	4	RO	176
	17	BH	48	3	BO	60			
				16	RO	238			
				18	RO	175			
A，C	2	BH	112	5	RO	187	11	BH	91
	7	BH	44	6	RO	195	11	RH	88
				10	BO	137			
B，C	10	BH	89	5	BH	30	4	RH	82
	10	BO	50	10	BO	179	5	BH	34
				10	RH	84	15	RO	46
				10	RO	196			

备注：RO 表示租住普通房屋；RH 表示租住高档房屋；BO 表示购买普通房屋；BH 表示购买高档房屋.

由表 3 - 11 可知：

（1）总的来说，大多数家庭选择距离目的地较近、周边配套设施适中、房价适中且位于地铁沿线的居住地.

（2）高收入家庭选择距离目的地极近、周边配套设施完备且房价较高的居住地.

（3）中等收入家庭选择租住距离目的地极近、周边配套设施完备且房价较高的居住地，或者购买距离目的地较近、周边配套设施适中、房价适中且位于地铁沿线的居住地.

（4）低收入家庭选择租住距离目的地较近、周边配套设施适中、房价适中且位于地铁沿线的居住地，或者购买距离目的地远、周边配套设施较少且房价较低的居住地.

第2组：假设该城市未设置公交专用道，城市地上交通属性如表3-6所示，但对道路1—2进行扩宽，使其容量与自由流速度分别达到5 000 veh/h与60 km/h，则欲更改居住地的家庭选择，如表3-12所示.

表3-12 第2组数值实验的家庭选择结果

目的地	高收入家庭			中等收入家庭			低收入家庭		
	选择小区	房屋类型	家庭数量	选择小区	房屋类型	家庭数量	选择小区	房屋类型	家庭数量
8	8	BO	302	8	BO	650	4	BO	140
				8	BO	28	13	BO	38
				14	BH	84	13	RH	84
				14	RH	66			
A	1	BO	272	1	BO	554	4	RH	60
				1	RO	154	14	RO	50
				6	BO	229	12	RO	193
B	17	BO	249	16	RH	50	5	RO	284
				17	BO	724			
				17	RO	187			
C	15	BO	279	15	BO	837	14	BO	209
				15	RO	154	15	RO	126
8，A	6	BH	118	1	RH	66	3	RH	84
	7	BH	68	6	RH	84	7	BO	127
				6	RO	112			
				7	RO	293			
				7	BH	78			
8，B	8	BO	221	7	BO	39	2	BO	41
				16	BH	196	3	RO	196

目的地	高收入家庭			中等收入家庭			低收入家庭		
	选择小区	房屋类型	家庭数量	选择小区	房屋类型	家庭数量	选择小区	房屋类型	家庭数量
8, C	9	BH	47	7	BH	50	10	RO	78
	10	BH	118	7	RH	33	14	BO	119
				10	BO	384	15	RO	23
				10	RH	101			
A, B	2	BO	166	1	RO	126	3	BO	157
				2	BH	47	2	RH	19
				2	BO	153			
				2	RH	36			
				16	RO	196			
A, C	2	BH	159	1	BH	245	9	BO	179
				9	BO	274			
B, C	18	BO	139	17	BO	147	5	BH	10
				17	RH	66	10	RO	118
				17	RO	93	14	RO	34
				18	RO	183			

备注：RO 表示租住普通房屋；RH 表示租住高档房屋；BO 表示购买普通房屋；BH 表示购买高档房屋.

由表 3 - 11 和表 3 - 12 可知：

（1）总的来说，如果改善道路 1 - 2 的通行能力，会有更多的家庭选择道路 1 - 2 沿途和邻近的居住地 1、2、3 和 16.

（2）对于高收入家庭，如果改善道路 1 - 2 的通行能力，会有更多的家庭选择道路 1 - 2 沿途的居住地 1 和 2.

（3）对于中等收入家庭，如果改善道路 1 - 2 的通行能力，会有更多的家庭选择道路 1 - 2 沿途和邻近的居住地 1、2 和 3.

（4）对于低收入家庭，改善道路 1 - 2 的通行能力对居住地选择无影响.

第 3 组：假设该城市每条地上道路均设置公交专用道，城市地上交通属性如表 3 - 6 所示，则欲更改居住地的家庭的选择如表 3 - 13 所示.

表 3-13　第 3 组数值实验的家庭选择结果

目的地	高收入家庭			中等收入家庭			低收入家庭		
	选择小区	房屋类型	家庭数量	选择小区	房屋类型	家庭数量	选择小区	房屋类型	家庭数量
8	8	BO	302	7	BO	430	13	BO	117
				8	RO	28	18	RO	145
				9	BO	454			
A	1	BH	272	1	BO	368	2	RO	83
				2	BO	156	11	BO	68
				6	BO	204	11	RH	152
B	17	BO	249	16	BH	78	16	BO	122
				17	BO	724	16	RO	67
				18	BH	159	18	BH	50
							18	BO	45
C	14	BH	84	10	BO	89	13	BO	196
	15	BO	192	15	BO	781	15	RO	96
				15	RO	121	18	RH	43
8，A	6	BH	117	1	BO	437	2	BO	84
	6	BO	69	6	RO	140	12	BO	80
				6	BO	56	18	RO	28
8，B	8	BO	221	2	BH	130	4	RO	130
				3	BH	196	12	RO	79
				3	BO	456	18	RO	28
8，C	8	BO	57	5	RH	84	5	BO	150
	9	BH	108	10	BO	288	5	RO	27
				10	RO	196	12	BO	20
A，B	1	BH	166	1	BO	143	2	RH	58
				16	BH	82	13	BO	118
				16	BO	333			
A，C	7	BH	156	4	BO	304	11	RH	62
				11	BH	69	11	RO	69
				12	BH	62	12	BO	48
				13	BH	84			

续表

目的地	高收入家庭			中等收入家庭			低收入家庭		
	选择小区	房屋类型	家庭数量	选择小区	房屋类型	家庭数量	选择小区	房屋类型	家庭数量
B，C	10	BH	89	4	BH	54	9	RO	162
	10	BO	50	5	BH	65			
				5	BO	74			
				14	BO	231			
				17	RH	162			

备注：RO 表示租住普通房屋；RH 表示租住高档房屋；BO 表示购买普通房屋；BH 表示购买高档房屋.

由表 3 – 11 和表 3 – 13 可知：

（1）总的来说，设立公交专用道可以通过改善城市公共交通的拥堵状况而避免家庭选择的居住地过于集中.

（2）对于高收入家庭来说，设立公交专用道对其居住地选择无影响.

（3）对于中等收入家庭和低收入家庭来说，设立公交专用道对其居住地选择影响较大.

第 4 组：假设该城市每条地上道路均设置公交专用道，城市地上交通属性如表 3 – 6 所示，且新开通地铁线路 17—3—8—13—14—15，则欲更改居住地的家庭选择如表 3 – 14 所示.

表 3 – 14   第 4 组数值实验的家庭选择结果

目的地	高收入家庭			中等收入家庭			低收入家庭		
	选择小区	房屋类型	家庭数量	选择小区	房屋类型	家庭数量	选择小区	房屋类型	家庭数量
8	8	BH	272	8	BO	605	7	BO	90
	8	BO	30	8	RO	112	7	RO	28
				9	BO	91	9	RO	91
				9	RO	104	10	BO	53
A	1	BO	272	1	BO	535	12	BO	263
				1	RH	66	12	RO	40
				1	RO	140			
				2	BO	196			
B	17	BH	60	17	BO	744	10	BO	88
	17	BO	189				10	RO	196

目的地	高收入家庭			中等收入家庭			低收入家庭		
	选择小区	房屋类型	家庭数量	选择小区	房屋类型	家庭数量	选择小区	房屋类型	家庭数量
C	15	BH	155	15	BO	840	4	BO	200
	15	BO	118	15	RO	151	14	BO	60
							15	RO	75
8A	7	BO	186	6	BO	133	1	RO	63
				6	RO	196	7	RO	148
				9	BO	304			
8B	16	BO	221	2	BO	184	4	BO	49
				13	BO	456	4	RO	54
				18	BH	142	9	RH	91
							14	RO	43
8C	9	BH	57	3	RO	164	3	RO	118
	10	BH	108	10	BH	117	14	RO	79
				10	BO	196			
				13	BO	91			
AB	1	BO	166	6	BO	142	6	RO	51
				6	RH	34	12	BO	125
				7	BO	264			
				13	BH	118			
AC	9	BO	152	3	BO	280	1	RO	54
				6	BH	123	2	RO	28
				13	BH	116	4	BO	14
							17	RH	83
BC	3	BH	117	14	RO	199	16	BO	162
	15	BO	22	17	BO	40			
				18	BO	250			

备注:RO 表示租住普通房屋;RH 表示租住高档房屋;BO 表示购买普通房屋;BH 表示购买高档房屋.

由表 3 – 11 和表 3 – 14 可知:

如果新的轨道交通线路 17—3—8—13—14—15 投入使用,该轨道交通沿线的居住地 3、6、7、8、9、10、13、14、15 和 17 会吸引更多的家庭选择居住，且这些居住地的房价会上涨.

综上所述，由表 3 - 11 ~ 表 3 - 14 可知：

（1）距离目的地较近、周边配套实施适中、房价适中且位于地铁沿线的居住地对家庭的吸引力最大.

（2）改善地面上道路的通行状况后，更多的家庭会选择该道路沿线及附近的居住地.

（3）是否设立公交专用道对中等收入家庭和低收入家庭的居住地选择影响较大，但对高收入家庭几乎没有影响.

（4）设立公交专用道可以通过改善城市公共交通的拥堵状况而避免家庭选择的居住地过于集中.

（5）开通新的轨道交通线路后，更多的家庭选择该轨道交通沿线的居住地，且这些居住地的房价会上涨.

本章通过建立大城市居住地选择的模糊三目标优化模型来为更改居住地的家庭提供一些选择居住地的建议. 该模型包含了两个模糊型目标、一个确定型目标、一个模糊型约束及三个确定型约束. 相较于已有的模型，该模型考虑了最多的影响居住地选择的因素，将所有家庭分为租房家庭与购房家庭来计算家庭支出，用 MDI 来替代家庭收入. 在求解模型时，利用 EUFs 和 MP 来描述所有的模糊数据，并设计了一个简单的算法来计算模型. 本章在计算 EUFs 时，为了提高计算精确度，将家庭样本分为高收入、中等收入和低收入家庭分别计算. 并通过一系列的实际算例验证了本章所提出的模型与算法的有效性与可行性. 最后通过模拟算例，研究了大城市中改善地面上道路状况、设立公交专用道及开设新的轨道交通等对居住地选择的影响.

本模型对于家庭选择居住地、城市交通规划、交通政策分析城市规划都是有益的. 同时，也有利于房产开发商对房产开发的投资预测.

第4章 基于交通时间的城市家庭居住地选择的线性规划模型

全世界近 54% 的人口居住在城市，到 2050 年，这个数字预计会增加到 70%，达到 60 亿. 联合国人口司的经济和社会事务部曾经预测未来一段时间内城市人口的增长主要集中在非洲和亚洲，尤其是中国、印度和尼日利亚. 这种改变对于这些国家的城市人口的生活和交通都是一种挑战.

随着中国经济的快速增长和城市化进程的加快，中国城市面临着规模不断扩大、机动车数量激增的局面，各大城市均面临进一步协调居住用地布局与交通系统之间的关系、形成适应公交系统发展的城市居住地等方面的问题. 这也就造成了居住在城市中的人们，面临日常交通时间不断增长的现状，因此，城市家庭通常希望选择日常出行和购物可达性高的居住区居住，即交通时间成为居民选择城市居住地的重要因素.

交通设施的改善会增加居住地的可达性，进而影响社会活动的选址，刺激新的土地开发，拉动社会经济增长，并通过运输分配和土地利用，再次开始土地利用与交通系统的相互循环，直到区域平衡. 在交通时间方面，家庭选择居住地一般关心两种出行目的的交通时间：一种是工作日出行（如上班、上学等），大约占居民日常出行的 70%；另一种是节假日出行（例如购物、社交、探亲访友等），大约占居民日常出行的 30%.

多年来，人们一直致力于研究居住地选择和土地利用之间关系的模型，这些模型主要考虑土地成本与交通成本. 线性规划模型①和随机效用模型②是两种最传统的模型. 其中, 线性规划模型一般以生活成本最小化或效益最大化为目标实现居住地选择, 旨在生成家庭的最优位置, 但该类模型很难体现城市家庭选择居住地的行为特征, 且在建立模型的过程中其需要进行大量的模型假设. 而随机效用模型较好地描述了交通与城市人口活动区域之间的相互作用. 由于模型中使用大量的指标, 所以能有效地表达区域特征和个人决策行为, 但居住地选择与交通之间没有建立明确的函数关系.

近几十年, 为了克服数学规划模型与随机效应模型的各种不足, 提出了很多新的模型③. 而文献 [9, 17 - 21] 中的模型只计算了交通时间, 文献 [4] 中的模型用交通距离来替代交通时间, 而在现实生活中, 因为交通拥堵, 交通距离与交通时间并非正相关. 且文献 [17 - 21] 均只计算了交通出行的交通时间, 却忽略了私人生活出行的交通时间.

鉴于上述模型的优缺点, 本书通过建立基于交通时间的线性规划来实现城市居住家庭对其居住地的选择. 该模型的目标函数为交通时间, 其包含了工作日与节假日的交通时间, 从而提高了交通时间的计算准确性. 该模型包含两个约束, 分别为房屋居住成本不高于家庭居住支付能力及工作日的交通时间不高于家庭可容忍最长交通时间. 基于该模型的特殊性, 本书采用枚举法对该模型进行求解. 最后, 通过算例验证了本书所建立模型与算法的有效性.

①　M J White. Location choice and commuting behavior in cities with decentralized employment [J]. Journal of Urban Economics, 1988, 24 (2): 129 - 152.

②　A Vega, R F Aisling. A methodological framework for the study of residential location and travel-to-work mode choice under central and suburban emplement destination patterns [J]. Transportation Research Part A: Policy and Practice, 2009, 43 (4): 401 - 419.

③　D E Boyce, L G Matsson. Modeling residential location in relation to housing location and road tolls on congested urban highway networks [J]. Transportation Research Part B: Methodological, 1999, 33: 581 - 591.

4.1　模型建立

把城市中所有准备变更居住地的家庭依次编号为 F_i（$i = 1$，2，$\cdots$，I），这些家庭的所有可能的工作日出行目的地依次编号为 $D^1 = \{D_n^1 \mid i = 1$，2，$\cdots$，$N_1\}$，节假日出行的目的地依次编号为 $D^2 = \{D_n^2 \mid i = 1$，2，$\cdots$，$N_2\}$，城市中有房屋待售或者待租的居住区依次编号为 $O = \{O_j \mid j = 1$，2，$\cdots$，$J\}$.

如果城市中的家庭准备更换其居住地，其会希望新的居住地尽可能地靠近每一位家庭成员的工作地，在节假日出行便利，家庭月居住成本不高于家庭居住支付能力且工作日的交通时间不高于家庭可容忍最长交通时间. 故需要分别计算家庭针对每一个居住地的人均单趟工作日交通时间、人均单趟节假日交通时间以及家庭月居住成本.

在建立模型之前，首先给出本章的假设：

（1）设步行、自行车、电动车和摩托车的交通距离限制为 0～2 km、0～5 km、0～15 km 及 0～20 km.

（2）绝大多数人不希望在出行中换乘次数过多，故假设交通工具的换乘次数最多为两次，轨道交通的内部换乘次数最多为 3 次，且公交车之间的换乘次数最多为两次.

（3）针对工作日的出行，人们会沿着同一出行轨迹，并使用同一出行方式，前往同一目的地. 即，每个人的单趟日常交通时间基本是相同的.

（4）城市上的道路由十字路口进行分割，且每条道路的终点都有一个公交站，每个十字路口都有交通指挥灯，为城市中所有地面上道路所组成的集合. 轨道交通的道路由轨道交通站点进行分割，为城市中所有轨道交通道路所组成的集合，且假设每两个轨道交通站之间为一条道路.

4.1.1　人均单趟工作日交通时间 T_i^1

对于 $F_i \in F$，人均单趟工作日交通时间 T_i^1 由第 3 章的式（3.3）可得

$$t_c^{ilj} = \omega_5^1(\zeta^{il5} + \delta^{il5}) + \sum_{r1 \in p_{ilj}} \sum_{k=1}^{7} \left[\left(\frac{s_{r1}}{v_{r1}^k} + n_{r1}^k \tau_{r1}^k \right) \theta_{r1}^{ilk} + \varpi_{r1}^1 \theta_{r1}^{ilk} \right] +$$

$$(\omega_8^1 + \zeta)(\zeta^{il8} + \delta^{il8}) + \sum_{r2 \in p_{ilj}} \left(\frac{s_{r2}}{v_{r2}^8} + \varpi_{r2}^1 \right) \theta_{r2}^{il8} \tag{4.1}$$

4.1.2　人均单趟节假日交通时间 T_i^2

节假日每个家庭的出行活动，一般有休闲娱乐、购物、走亲戚、培训等. 此种出行所需要的交通时间对居住地的选择也会产生一些影响. 只是该影响远远低于工作日的交通时间. 本节讨论如何计算节假日的人均交通时间.

对于家庭 F_i，$D_i^2 = \{ D_{in}^2 \mid i = 1, 2, \cdots, N_2 \} \in D^2$ 为该家庭在节假日的主要活动场地. 则节假日该家庭的人均单趟交通时间 T_i^2 为

$$T_i^2 = \sum_n \gamma_{in} t_{in}^2 \tag{4.2}$$

其中，γ_{in} 为家庭 F_i 在节假日前往 D_{in}^2 的频率，且 $0 \leqslant \gamma_{in} \leqslant 1$；$t_{in}^2$ 为家庭 F_i 在节假日前往 D_{in}^2 的人均单趟交通时间. 则有

$$t_{in}^2 = \frac{t_{ij}^2}{\displaystyle\sum_{f_{ij} \in F_i} 1} \tag{4.3}$$

其中，t_{ij}^2 是家庭成员 f_{ij} 在节假日前往 D_{in}^2 的单趟交通时间.

由 2.1.1 节中的分析可知：

$$t_{in}^2 = t_{ijm}^r + t_{ijm}^c \tag{4.4}$$

其中，t_{ijm}^r 是由家门到居住地大门的交通时间，如果 F_i 的居住地是独立庭院，则 $t_{ijm}^r = 0$；t_{ijm}^c 是由居住地大门到目的地 D_{in}^2 之间的交通时间. 且有

$$t_{ijm}^c = \omega_5^2(\zeta^{il5} + \delta^{il5}) + \sum_{r1 \in p_{ilj}^2} \sum_{k=1}^{7} \left[\left(\frac{s_{r1}}{v_{r1}^k} + n_k^2 \tau^2 \right) \theta_{r1}^{ilk} + \varpi_{r1}^2 \theta_{r1}^{ilk} \right] +$$

$$(\omega_8^2 + \sigma_8^2)(\zeta^{il8} + \delta^{il8}) + \sum_{r2 \in p_{ilj}^2} \left(\frac{s_{r2}}{v_{r2}^8} + \varpi_{r2}^2 \right) \theta_{r2}^{il8} \tag{4.5}$$

其中，p_{ilj}^2 表示 f_{ij} 在节假日的由居住地 O_j 到目的地 D_{in}^2 的交通路径；$\delta^{ilk} = 1$（$k = 1, 2, \cdots, 8$）表示家庭成员 f_{ij} 由居住地 O_j 到目的地 D_{in}^2 选择了第 k 种交通方式，否则，$\delta^{ilk} = 0$；$\theta_{r1}^{ilk} = 1$（$k = 1, 2, \cdots, 7$）表示 f_{ij} 由居住地 O_j 到目的地 D_{in}^2 的道路 p_{ilj}^2 上选择了第 k 种交通方式，否则，$\theta_{r1}^{ilk} = 0$（$k = 1, 2, \cdots, 7$）；

$\theta_{r2}^{il8} = 1$ 表示 f_{ij} 由居住地 O_j 到目的地 D_{in}^2 的道路 p_{ilj}^2 上选择了轨道交通，否则，$\theta_{r2}^{il8} = 0$；ζ^{il5} 表示 f_{ij} 由居住地 O_j 到目的地 D_{in}^2 的公交车换乘次数；ζ^{il8} 表示 f_{ij} 由居住地 O_j 到目的地 D_{in}^2 的轨道交通换乘次数；$\sum_{r^1 \in p_{ilj}} \theta_{r1}^{ilk} = 0$，则 $\delta^{ilk} = 0$，若 $\sum_{r^2 \in p_{ilj}} \theta_{r2}^{il8} = 0$，则 $\delta^{il8} = 0$；τ^2 为节假日道路 $r^1 \in R^1$ 末端的十字路口的一个交通信号灯的循环时间；节假日通过地面上道路 $r^1 \in R^1$ 末端的十字路口的时间为 $n_k^2 \tau^2$ $(k = 1, 2, \cdots, 7)$；ω_5^2 和 ω_8^2 分别为节假日公交车和轨道交通的等车时间；ϖ_{r1}^2 和 ϖ_{r2}^2 分别为节假日公交车和轨道交通的站点停靠时间.

4.1.3 模型建立

在中国，大多数城市居住家庭在选择居住地时，会在家庭的支付能力范围内尽可能地选择交通时间最短的小区居住. 而在交通时间方面，家庭选择居住地一般关心两种出行目的的交通时间：一种是工作日出行（如上班、上学等），大约占居民日常出行的 70%；另一种是节假日出行（例如购物、社交、探亲访友等），大约占居民日常出行的 30%. 综合上述分析，本章建立如下基于交通时间的居住地选择的线性模型：

$$\min \quad 0.7 T_i^1 + 0.3 T_i^2$$
$$\text{s. t} \quad h_i \leqslant h_i^{\max} \tag{4.6}$$
$$T_i^1 \leqslant T_i^{\max}$$

其中，h_i 为家庭 F_i 的房屋居住成本，为了计算简单，本书以月租金作为 h_i. $h_i^{\max}$ 为该家庭的居住支付能力；$T_i^{\max}$ 为家庭可容忍最长交通时间. 模型 (4.6) 仅仅限制了工作日的人均单趟最长交通时间，却没有限制节假日的人均单趟最长交通时间，这是因为在节假日，人们一般对交通时间没有最长时间的限制.

4.2 算法设计

在每一个城市，该城市在一个时间段内有房屋出租或出售的居住区是已知的，故模型 (4.6) 的可行域是有限离散点集. 即本书的目标是在集合 O

$= \{O_j \mid j = 1, 2, \cdots, J\}$ 中寻找到最优解. 而针对每一个 $O_j \in O$, 其 T_i^1、T_i^2、h_i、h_i^{max}、T_i^{max} 均为可计算的. 鉴于模型 (4.6) 在实际应用中的特殊性, 本书采用枚举法对其进行求解.

算法 3:

步骤 1: 初始化.

步骤 1.1: 随机获得 $F_i \in F$.

步骤 1.2: $O = \{O_j \mid j = 1, 2, \cdots, J\}$.

步骤 1.3: 初始化 h_i^{max}、T_i^{max}.

步骤 2: 计算可行集.

步骤 2.1: 从 $j = 1$ 到 j: J 循环, 对于 O_j, 若 $h_i < h_i^{max}$ 则 $O' = O - O_j$.

步骤 2.2: 从 $j = 1$ 到 j: $|O'|$ 循环, 对于 O_j, 利用式 (4.1) 计算 T_i^1, 若 $T_i^1 \leqslant T_i^{max}$, 则 $O' = O - O_j$.

步骤 3: 从 $j = 1$ 到 j: $|O'|$ 循环, 利用式 (4.5) 计算 T_i^2, 并计算 $d_i(O_j) = 0.7T_i^1 + 0.3T_i^2$.

步骤 4: 选择. 寻找 $O_{opt} \in O'$, 使得对于任意的 $O_j \in O'$, $d_i(O_{opt}) \leqslant d_i(O_j)$.

步骤 5: 输出结果. $O_{opt} \in O'$ 为模型 (4.6) 的最优解.

步骤 6: $F = F - F_i$, 如果 $F \neq \varnothing$, 继续步骤 1; 否则, 结束.

4.3　算例

如图 4-1 所示, 把一个小型城市分成 18 个居住区 (1~18), 4 个主要目的地 (A、B、C 和 8), 3 个主要节假日目的地 (8、10 和 16, 其中 8 为购物中心, 10 与 16 为公园). 现已知, 城市中有两条轨道交通 6—7—8—9—10, B—17—3—8—13—14—15—C. 公交车线路为: A—1—2—3—4—5, 16—2—7—12, 16—17—18—4—5—10—15—C, 6—7—8—9—10, 11—12—13—14—15—C, A—1—6—11, B—17—3—8—13, 5—10—15—C, 11—12—7—2—16—17—B 和 C—15—14—9—4—18—17—B, 共 10 条线路.

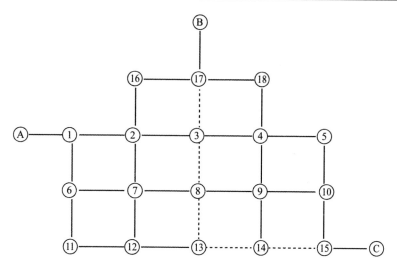

图 4 - 1　虚拟城市规划图

各居住地、目的地之间都有双向的道路连通，每条道路相反两方向的容量和自由流速度相同. 各道路的长度、容量和自由流速度等静态数据见表 4 - 1.

表 4 - 1　地上交通路网的静态属性

道路	长度/km	容量/（veh/h）	自由流速/（km/h）	道路	长度/km	容量/（veh/h）	自由流速/（km/h）
A—1	0.5	5 000	60	17—18	3.5	5 000	60
1—2	6	4 000	50	1—6	4	5 000	60
2—3	3.5	4 000	50	6—11	5	5 000	60
3—4	3.5	3 500	40	2—16	6	5 000	60
4—5	6	5 000	60	2—7	4	3 500	40
6—7	6	4 000	50	7—12	5	3 500	40
7—8	3.5	4 000	50	B—17	0.4	5 000	60
8—9	3.5	4 000	50	3—17	6	5 000	60
9—10	6	3 500	40	3—8	4	4 000	50
11—12	6	4 000	50	8—13	5	4 000	50
12—13	3.5	3 500	40	4—18	6	5 000	60
13—14	3.5	3 500	40	4—9	4	3 000	35
14—15	6	4 000	50	9—14	5	3 500	40
15—C	0.3	5 000	60	5—10	4	5 000	60
16—17	3.5	5 000	60	10—15	5	5 000	60

道路流量/容量和平均速度/自由流速度之间的数值对应关系见表 4 - 2①.

表 4 - 2　道路平均速度与流量对照表

道路流量/容量	平均速度/自由流速度	道路流量/容量	平均速度/自由流速度
≤0.3	1	0.9	9/35
0.4	34/35	1.0	4/35
0.5	31/35	1.1	3/35
0.6	24/35	1.2	2/35
0.7	19/35	≥1.3	0
0.8	14/35		

表 4 - 3 列出了每个居住地的静态属性.

表 4 - 3　居住地的静态属性

居住地	普通房屋房价/（元/月）	高档房屋房价/（元/月）	空房屋数
1	2 000	2 400	3 000
2	1 700	2 040	1 400
3	1 750	2 100	2 600
4	1 700	2 040	1 400
5	1 100	1 320	1 400
6	1 700	2 040	2 600
7	1 750	2 100	2 600
8	2 500	3 000	4 400
9	1 750	2 100	2 600
10	1 700	2 040	2 600
11	1 100	1 320	1 400
12	1 200	1 440	1 400
13	1 750	2 100	2 600
14	1 200	1 440	1 400
15	2 000	2 400	3 000
16	1 500	1 800	2 600
17	2 100	2 520	3 000
18	1 500	1 800	2 600

表 4 - 4 列出了准备更改居住地的家庭数据.

---

①　A Daly. Estimating choice models containing attaction variables ［J］. Transportation Research Part B, 1982, 16: 5 - 15.

表4－4　准备更改居住地的家庭数据

工作日家庭主要目的地分布	家庭数	节假日家庭主要目的地分布			各收入等级家庭数		
		8	10	16	高收入	中等收入	低收入
8	1 484	64%	30%	6%	310	920	254
A	1 480	51%	35%	14%	280	937	263
B	1 470	50%	42%	8%	253	961	256
C	1 570	45%	49%	6%	282	991	297
8，A	1 010	60%	33%	7%	194	633	183
8，B	1 220	57%	4%	39%	229	782	209
8，C	910	50%	45%	5%	171	568	171
A，B	880	52%	40%	8%	170	558	152
A，C	830	45%	29%	26%	156	519	155

下面给出模型中使用到的各个参数取值（步行、自行车、电动车、摩托车、公交车、自驾（包含打车）、搭顺车和轨道交通）.

假设该简易城市中，对于 $r^1 \in R^1$，步行速度 $v_{r1}^1 = 3$ km/h，自行车速 $v_{r1}^2 = 16$ km/h，电动车速 $v_{r1}^3 = 30$ km/h，摩托车速 $v_{r1}^4 = 50$ km/h，对于 $r^2 \in R^2$，轨道交通的车速为 $v_{r2} = 60$ km/h. 公交车和轨道交通的等车时间分别为 $\omega_5^2 = \omega_8^2 = 5$ min. 公交车和轨道交通的站点停靠时间分别为 $\varpi_{r1}^2 = \varpi_{r2}^2 = 2$ min. 对于高收入家庭 $h_i^{max} = 3\,000$ 元/月，中等收入家庭 $h_i^{max} = 2\,000$ 元/月，低收入家庭 $h_i^{max} = 1\,400$ 元/月.

利用模型（4.6）与算法3可得到所有家庭的居住地选择结果，见表4－5.

表4－5　家庭居住地选择结果

高收入家庭		中等收入家庭		低收入家庭	
选择小区	家庭数量	选择小区	家庭数量	选择小区	家庭数量
1	644	3	1 987	5	465
6	156	6	2 089	11	446
8	310	7	920	14	1 167
15	596	13	1 804		
17	482	16	558		

由表4－5可知：

（1）高收入家庭选择居住地 1 和 15 的家庭最多，分别占近 27.33% 和 29.43%，而居住地 1 房价偏高，紧邻公园，且与工作日目的地 A 和节假日目的地 16 相邻，距工作日目的地 8 和 B 很近，居住地 15 房价仅次于居住地 1，紧邻公园，且与工作日目的地 C 和节假日目的地 10 相邻，距目的地 8 很近，并位于轨道交通沿线；其次选择较多的为居住地 17，占近 22.03%，其房价较居住地 1 和 15 都要高，紧邻公园，与工作日目的地 B 和节假日目的地 16 相邻，且与工作日目的地 8 较近，但距离工作日目的地 A 和 B 很远，并位于轨道交通沿线；选择较少的是居住地 8，占近 14.17%，房价最高，位于市中心、购物中心与轨道交通沿线中转站，并位于目的地 8，且距离其他所有目的地均适中；选择最少的是目的地 6，占近 6.27%，房价居中，位于轨道交通沿线，离工作日目的地 A 和 8 较近，距离其他目的地均较远.

（2）中等收入家庭选择居住地 3、6 和 13 的最多，分别占近 27.00%、28.39% 和 24.52%，这三个居住地均位居轨道交通沿线，且房价居中，其中，居住地 3 和 13 紧邻目的地 8，离其他目的地均适中，居住地 6 距离工作日目的地 A 和 8 较近，距离其他目的地均较远；选择居住地 7 的家庭较少，占近 12.50%，居住地 7 的房价较居住地 3、6 和 13 略高，位于轨道交通沿线，紧邻市中心与购物中心，紧邻目的地 8，离其他目的地均适中；选择居住地 16 的家庭最少，仅占近 7.58%，居住地 16 的房价略低于居住地 3、6 和 13，位于公园与轨道交通沿线，也位于节假日目的地 16，距离工作日目的地 A、B 和 8 均适中，离其他目的地远.

（3）低收入家庭选择目的地 14 的最多，占近 56.98%，目的地 14 房价低且位于轨道交通沿线，距离工作日目的地 C 和 8，以及节假日目的地 10 和 8 均较近，距离其他目的地较远；选择较少的是目的地 5 和 11，分别占近 22.38% 和 21.46%，这两处房价最低，交通不便，居住地 5 紧邻节假日目的地 10，且距离其他所有目的地均较远，居住地 11 距离所有目的地均较远.

由上述结果可知：

（1）家庭选择居住地时，偏好选择轨道交通沿线的居住地，这是因为在城市的交通高峰期中，轨道交通可以很好地避免拥堵现象的发生.

（2）家庭选择居住地时，偏好选择距离工作日目的地与节假日目的地较近的居住地，以节省出行时间. 但二者相比，更偏向于选择距离工作日目的地较近的居住地，这是因为，工作日出行占据了人民日常出行的大部分．

（3）高收入家庭偏好选择房价较高、交通便利、邻近公园与购物中心、距离工作日目的地较近的居住地，中等收入家庭偏好选择房价适中、交通便利、距离工作日目的地距离不远的目的地，低收入家庭偏好选择房价较低、交通相对不太便利、距离所有目的地均较远的居住地．

由上述分析可知，家庭选择居住地时除了交通时间是一个重要参考因素，家庭收入也是同样重要的参考因素之一．故虽然本章的居住地选择模型是建立在交通时间基础上的线性规划模型，但在建立模型的时候，将家庭收入与房价列入了模型约束中予以考虑．

本章通过建立基于交通时间的线性规划来实现城市居住地选择．交通时间包含了工作日与节假日的交通时间，且该模型包含两个约束：房屋居住成本不高于家庭居住支付能力及工作日的交通时间不高于家庭可容忍最长交通时间．基于本章所建立模型的特殊性，采用枚举法对模型进行求解．该模型对于城市家庭的居住地选择给出了更加理智的建议．

参考文献

［1］ A Anas, L S Duann. Dynamic forecasting of travel demand, residence location, and land development: policy simulations with the Chicago area transportation/land use analysis system ［J］. Advances in Urban Svtems Modelling, 1986, 56 (1): 37 –58.

［2］ A Anas. Discrete choice theory, information theory and the multinomial logit and gravity models ［J］. Transportation Research Part B, 1983, 17: 12 –23.

［3］ A Daly. Estimating choice models containing attaction variables ［J］. Transportation Research Part B, 1982, 16: 5 –15.

［4］ A de Palma, K Motamedi, N Picard, et al. A model of residential location choice with endogenous housing prices and traffic for the Paris region ［J］. European Transport, Trasporti Europei, 2005, 31: 67 –82.

［5］ A Frenkel, E Bendit, S Kaplan. Residential location choice of knowledge – workers: The role of amenities, workplace and lifestyle ［J］. Cities, 2013, 35: 33 – 41.

［6］ A G Wilson. Entropy in urban and regional modelling ［M］. London: Pion, 1971.

［7］ A G Wilson. Land-use and transport interaction models ［J］. Past and Future: Journal of Transport Economics and Policy, 1998, 32 (1): 3 –26.

［8］ A N Saatlo, S Ozoguz. Programmable implementation of diamond-shaped type – 2 membership function in CMOS technology ［J］. Circuits Syst Signal Processing, 2015, 34 (1): 321 –340.

［9］ A R Pinjari, C R Bhat, D A Hensher. Residential self – selection effects in an activity time-use behavior model [J]. Transportation Research Part B: Methodological, 2009, 43 (7): 729 – 748.

[10] A Vega, R F Aisling. A methodological framework for the study of residential location and travel-to-work mode choice under central and suburban emploment destination patterns [J]. Transportation Research Part A: Policy and Practice, 2009, 43 (4): 401 – 419.

[11] B Liu. Uncertainty Theorey [M]. Cambridge: Springer-Verlag Berlin, 2011.

[12] Hamilton, Bruce W R, Ailsa. Wasteful commuting [J]. Journal of political economy, 1982, 90 (5): 1035 – 1053.

[13] C Jones, H W Richardson. Housing markets and policy in the UK and the USA: A review of the differential impact of the global housing crisis [J]. International Journal of Housing Markets and Analysis, 2014, 7 (1): 129 – 144.

[14] C R Bhat, S Srinivasan, S Sen. A joint model for the perfect and imperfect substitute goods case: application to activity time-use decisions [J]. Transportation Research Part B: Methodological, 2006, 40 (10): 827 – 850.

[15] D Boyce, F Southworth. Quasi-dynamic urban location models with endogenously determined travel costs [J]. Enviroment and Planning, 1979, 11 (A): 575 – 584.

[16] D Earnhart. Combining revealed and stated data to examine housing decision using discrete choice analysis [J]. Journal of Urban Economics, 2002, 51 (1): 143 – 169.

[17] D E Boyce, L G Matsson. Modeling residential location in relation to housing location and road tolls on congested urban highway networks [J]. Transportation Research Part B: Methodological, 1999, 33: 581 – 591.

[18] D Gross. Estimating willingness to pay for housing characteristics: an application of the Ellickson bid rent model [J]. Journal of Urban Economics, 1988., 24: 95 – 112.

[19] D Hinebaugh. Characteristics of Bus Rapid Transit for Decision-Making [R]. Federal Transit Administration, 2009.

［20］ D McFadden. The measurement of urban travel demand ［J］. Journal of Public Economics, 1974, 2: 303 – 328.

［21］ D McFadden. A model for integrated analysis ［M］. Holland: North-Holland Publishing Co, 1975.

［22］ D R Capozza, R W Helsley. The stochastic city ［J］. Journal of Urban Econimics, 1990, 28: 187 – 203.

［23］ D Salon. Cars and the City: An investigation of transportation and residential location choice in new york city ［D］. Berkeley: Department of Agricultural and Resource Economics, University of California, 2006.

［24］ E K Caindec, P Prastacos. A description of POLTS, the projective optimazion land use information system ［R］. Working Paper 95 – 1. Oakland CA. Association of Bay Area Governments. 1995.

［25］ E Robert, J Lucas, R H Esteban. On the internal struture of cities ［J］. Econometrica, Econometric Society, 2002, 70 (4): 1445 – 1476.

［26］ E S Mills. An aggregative model of resource allocation in a metropolitan area ［J］. American Economic Review, 1967, 57: 197 – 210.

［27］ E S Mills. Studenties in the structure of the urban economy ［M］. Baltimore: Jones Hopkins Press, 1972.

［28］ F J Martinez, R Henriquez. A random bidding and supply land use equilibrium model ［J］. Transportation Research Part B: Methodological, 2007, 41 (6): 632 – 651.

［29］ F Martínez, P Donoso. Modeling land use planning effects: zone regulations and subsidies ［J］. Travel Behaviour Research: The Leading Edge. D. Hensher (ed.), Pergamon, Amsterdam, 2001: 647 – 658.

［30］ G Eichfelder. Adaptive scalarization methods in multiobjective optimization ［M］. Berlin: Springer, 2008.

［31］ H C Williams. On the formation of travel demand models and economic evalution measures of user benefit ［J］. Environment and Planning A, 1977, 9: 285 – 344.

［32］ J Q Li, M Song, M Li, et al. Planning for bus rapid transit in single dedicated bus lane [J]. Transportation Research Record: Journal of the Transportation Research Board, 2009 (2111): 76 – 82.

[33] J R Roy, J C Thill. Spatial interaction modelling [M]. Fifty Years of Regional Science. Springer Berlin Heidelberg, 2004: 339 – 361.

[34] J S Chang, R L Mackett. A bi-level model of the relationship between transport and residential location [J]. Transportation Research Part B: Methodological, 2006, 40 (2): 123 – 146.

[35] J Herbert, B Stevens. A model for the distribution of residential activity in urban areas [J]. Journal of Regional Science, 1960, 2: 21 – 36.

[36] J Herbert, J Dickey, R Sharpe. TOPAZ planning techniques and applications [J]. Lecture Notes in Economics and Mathematical Systems Series, 1980, 3: 15 – 21.

[37] J V Henderson. Economic theory and the cities [M]. Orlando: Academic Press, 1985.

[38] J Walker. The mixed logit model: Dispelling the misconceptions of identification [J]. Transportation Research Record, 2002, 1805: 86 – 99.

[39] K Deb, A Pratap, S Agarwal, et al. A Fast and Elitist Multiobjective Genetic Algorithm: NSGA-II [J]. IEEE transactions on evolutionary computation, 2002, 6 (2): 182 – 197.

[40] K Lee. A model of intra-urban employment loction: an application to Bogota, Colombia [J]. Journal of Urban Economics, 1982, 12: 263 – 279

[41] K Train. Discrete choice methods with simulation [M]. Cambridge: Cambridge University Press, 2003.

[42] L Lundqvist, L Mattsson. Transportation systems and residential location [J]. European Journal of Operations Research, 1983, 12: 279 – 294.

[43] L P Ho, C T Chang, C Y Ku. On the location selection problem using analytic hierarchy process and multi-choice goal programming [J]. International Journal of Systems Science, 2013, 44 (1): 94 – 108.

[44] L Yang, G Zheng, X Zhu. Cross-nested logit model for the joint choice of residential location, travel mode, and departure time [J]. Habitat Inter-

national, 2013, 38: 157 - 166.

[45] L Zhang, W Du, L Y Zhao. OD allocation model and solution algorithm in transportation networks with the capacity [C]. International conference on transportation engineering, American: American Society of Civil Engineers, 2009: 788 - 793.

[46] M B Akiva, A dePalma. Analysis of a dynamic residential location choice model with transactions costs [J]. Journal of Regional Science, 1986, 26: 321 - 341.

[47] M F Richard. Cites and housing: The spatial pattern of urban residential land use [M]. Chicago: The University of Chicago Press, 1969.

[48] M G Parsons, R L Scott. Formulation of multicriterion design optimization problems for solution with scalar numerical optimization methods [J]. Journal of Ship Research, 2004, 48 (1): 61 - 76.

[49] M J Francisco, H Rodrigo. A random bidding and supply land use equilibrium model [J]. Transportation Research Part B: Methodological, 2007, 41 (6): 632 - 651.

[50] M J White. Urban commuting journeys are not "wasteful" [J]. Journal of Polotical Economy, 1998, 196: 1097 - 1110.

[51] M J White. Location choice and commuting behavior in cities with decentralized employment [J]. Journal of Urban Economics, 1988, 24 (2): 129 - 152.

[52] M L Cropper, P L Gordon. Wasteful commuting: a re-examination [J]. Journal of Urban Economics, 1991, 29 (1): 2 - 13.

[53] M Los. Combined residential location and transportation models [J]. Environment and Planning, 1979, 11 (A): 1241 - 1265.

[54] M Nowakowska. Methodological problems of measurement of fuzzy concepts in the social sciences [J], Systems Research and Behavioral Science, 1977, 22 (2): 107 - 115.

[55] M. Ben-Akiva, A. Depalma. Analysis of a dynamic residential location choice model with transactions costs [J]. Journal of Regional Science, 1986, 26: 321 - 341.

［56］M Bravo, L Briceno, R Cominetti, et al. An integrated behavioral model of the land-use and transport systems with network congestion and location externalities ［J］. Transportation Research Part B: Methodological, 2010, 44 (4): 584 - 596.

［57］M Mestari, M Benzirar, N Saber, et al. Solving Nonlinear Equality Constrained Multiobjective Optimization Problems Using Neural Networks ［J］. Neural Networks and Learning Systems, 2015, 26 (10): 2500 - 2520.

［58］M Wegener. Overview of Land-Use Transport Models ［J］. Handbook of Transport Geography and Spatial Systems, 2004, 5: 127 - 146.

［59］N Oppenheim. Equilibrium trip distribution/assignment with variable destination costs ［J］. Transportation Research Part B, 1993, 27: 207 - 217.

［60］O B Augusto, F Bennis, S Caro. A new method for decision making in multi-objective optimization problems ［J］. Pesquisa Operacional, 2012, 32 (2): 331 - 369.

［61］P Blackley. The demand for industrial sites in a metropolitan area: theory, empirical evidence, and policy implications ［J］. Journal of Urban Economics, 1985, 17: 247 - 261.

［62］P Gordon, H W Richardson. Beyond Polycentricity: the Dispersed Metropolis, Los Angeles: 1970 - 1990 ［J］. Journal of American Planning Association. 1996, 62 (3): 289 - 195.

［63］P L Mokhtarian, X Cao. Examining the impacts of residential self-selection on travel behavior: A focus on methodologies ［J］. Transportation Research Part B: Methodological, 2008, 42 (3): 204 - 228.

［64］R Cervero, M Duncan. Walking, bicycling, and urban landscapes: evidence from the San Francisco Bay Area ［J］. American journal of public health, 2003, 93 (9): 1478 - 1483.

［65］R Cervero. Walking, bicycling, and urban landscapes: Evidence from the San Francisco Bay Area final summary report ［D］. Berkeley: University of Califormia Transportation Center. University of California, 2003.

［66］R F Muth. Citiess and housing ［M］. The University of Chicago Press,

1969.

[67] R Paleti, C R Bhat, R M Pendyala. An Integrated model of residential location, work location, vehicle ownership, and commute tour characteristics. Transportation Research Record: Journal of the Transportation Research Board, 2013, 2382: 162 – 172.

[68] R Sinclair. Von Thünen and urban sprawl [J]. Annals of the Association of American Geographers, 1967, 57 (1): 72 – 87.

[69] R Smyth, I Nielsen, Q Zhai, et al. A study of the impact of environmental surroundings on personal well-being in urban China using a multi-item well-being indicator [J]. Population and Environment, 2011, 32 (4): 353 – 375.

[70] S C Justion, L M Roger. A bi-level model of the relationship between transport and residential location [J]. Transportation Research Part B: Methodological, 2006, 40 (2): 132 – 146.

[71] S R Lerman . Location, housing, automobile ownership and mode to work: A joint choice model [J]. Transportation Research Record, 1976, 610: 6 – 11.

[72] T J Kim. A combined land use-transportation model when zomal travel demand is endogenously determined [J]. Transportation Research Part B: 1983, 17: 449 – 462.

[73] T J Kim. Integrated Urban Modeling [M]. Theory and Practice. Martinus Nijhoff, Norwell, Massachusetts, 1989.

[74] V Arild. Optimal land use and transport planning for the Greater Oslo Area [J]. Tramsportation Research Part A: Policy and Practice, 2005, 39 (6): 548 – 565.

[75] V I Klyatskin. Applicability of approximation of a Markov random process in problems relating to the propagation of light in a medium with random inhomogeneities [J]. Experim. Theoretical Phys. Soviet Physics JETP, 1970, 30 (3): 520 – 523.

[76] W Alonso. Location and land use: Toward a general theory of land rent [M]. Harvard University Press, Cambridge, 1964.

［77］X Li，C Shao，L Yang. Simultaneous estimation of residential，work-place location and travel mode choice based on nested logit model ［J］. Fuzzy Systems and Knowledge Discovery（FSKD），2010 Seventh International Conference on. IEEE，2010，4：1725 － 1729.

［78］Y Chu. Combined trip distribution and assignment model incorporating captive travel behavior ［J］. Transportation Research Record，1990，1285：70 － 77.

［79］Y Du，J Wu，Y Jia，et al. Evaluation of dedicated bus lanes based on microscopic traffic simulation ［J］. Engineering Journal of Wuhan University，2014，47（1）：85 － 89.

［80］柴久宁，苏永云，蒋金勇. 利用 GIS 技术建立土地利用、人口与出行信息系统的研究 ［J］. 重庆交通学院学报，2002，9：101 － 106.

［81］陈峰，吴奇兵. 轨道交通对房地产增值的定量研究 ［J］. 城市轨道交通研究，2006，3：12 － 17.

［82］陈新. 城市用地形态与城市交通布局模式研究 ［J］. 经济经纬，2005，4（3）：64 － 67.

［83］陈宽民，严宝杰. 道路通行能力分析下 ［M］. 北京：人民交通出版社，2003.

［84］邓毛颖，谢理. 基于居民出行特征分析得广州市交通发展对策探讨 ［J］. 经济地理，2000（2）：109 － 114.

［85］范炳全，张艳平. 城市土地利用和交通综合规划研究的进展 ［J］. 系统工程，1993，11（2）：1 － 5.

［86］范炳权，徐亦文，张燕平，等. 土地利用与交通系统研究的理论与模型 ［M］. 北京：科学技术文献出版社，1994.

［87］顾翠红，魏清泉. 上海市职住分离情况定量分析 ［J］. 规划广角，2008，24（6）：57 － 62.

［88］李强，李晓林. 北京市近郊大型居住区居民上班出行特征分析 ［J］. 城市问题，2007，7：55 － 59.

［89］李荣军. 模糊多准则决策理论与应用 ［M］. 北京：科学出版社，2002.

［90］李霞. 城市通勤交通与居住就业空间分布关系 – 模型与方法研究 ［D］. 北京：北京交通大学，2010.

［91］李晓燕，陈红. 城市生态交通规划的理论框架 ［J］. 长安大学学报 （自然科学版），2006，26（1）：79 – 82.

［92］李泳. 城市交通系统与土地利用结构关系研究 ［J］. 热带地理，1998，18（4）：307 – 310.

［93］李峥嵘，柴彦威. 大连市民通勤特征研究 ［J］. 人文地理，2000，12：67 – 68.

［94］刘灿齐. 就近居住补贴交通需求管理策略及其模型 ［J］. 交通与计算机，2006，24（4）：9 – 12.

［95］陆大道. 区位论和区域研究方法 ［M］. 北京：科学出版社，1991.

［96］陆化普. 基于交通效率的大城市合理土地利用形态研究 ［J］. 中国公路学报，2005，18（7）：109 – 113.

［97］陆建，王炜. 城市居民出行时耗特征分析研究 ［J］. 公路交通科技，2004，21（10）：102 – 104.

［98］卢建锋. 城市新区交通生成预测模型 ［J］. 广东工业大学学报，2008，25（4）：98 – 100.

［99］裴玉龙，徐慧智. 基于城市区位势能的路网密度规划方法 ［J］. 中国公路学报，2007，20（3）：81 – 85.

［100］毛峰. 基于多源轨迹数据挖掘的居民通勤行为与城市职住空间特征研究 ［D］. 上海：华东师范大学，2015.

［101］沈志云，邓学钧. 交通运输工程学 ［M］. 北京：人民交通出版社，2003.

［102］宋金平，王恩儒，张文新，等. 北京住宅郊区化与就业空间错位 ［J］. 地理学报，2007，62（4）：387 – 396.

［103］泰勒. 原始文化 ［M］. 连树生，译. 桂林：广西师范大学出版社，2005.

［104］田继敏，赵纯均，黄京炜，等. 城市土地利用规划的交通影响评价建模研究 ［J］. 中国管理科学，1998，6（3）：16 – 26.

［105］王殿海. 开发区土地利用与交通规划模型研究 ［D］. 北京：北京

交通大学，1995.

　　［106］王殿海. 交通流理论［M］. 北京：人民交通出版社，2002.

　　［107］王缉宪. 国外城市土地利用与交通一体规划的方法与实践［J］.国际城市规划，2009，增刊：205－209.

　　［108］徐永健，闫小培. 西方国家城市交通与土地利用关系研究［J］.城市规划，1999，23（11）：38－43.

　　［109］杨励雅. 城市交通与土地利用相互关系的基础理论与方法研究［D］. 北京：北京交通大学，2007.

　　［110］杨纶标，高英仪. 模糊数学原理及应用［M］. 广州：华南理工大学出版社，2002.

　　［111］杨敏，王炜，陈学武，等. 基于 DEIAHP 方法的大运量快速交通方式选择决策［J］. 公路交通科技，2006，23（7）：111－115.

　　［112］杨明，曲大义，王炜，等. 城市土地利用与交通需求相关关系模型研究［J］. 公路交通科技，2004：19（1）：72－75.

　　［113］杨晓光等. 城市道路交通设计指南［M］. 北京：人民交通出版社，2004.

　　［114］张邻. 城市交通与居住地之间关系［D］. 北京：北京交通大学，2010.

　　［115］钟华. 轨道交通与土地利用协调发展的法律障碍分析［J］. 城市公共事业，2009，23（4）：11－13.

　　［116］赵延峰，张国华，王有为，等. 城市用地格局对居民出行影响研究［J］. 城市交通啊，2007，5（1）：46－50.

　　［117］周素红，闫小培. 广州城市空间结构与交通需求关系［J］. 地理学报，2005，60（1）：131－142.

　　［118］周素红，闫小培. 城市居住－就业空间特征及组织模式－以广州市为例［J］. 地理科学，2005，25（6）：664－670.

　　［119］周素红，闫小培. 基于居民通勤行为分析的城市空间解读——以广州市典型街区为案例［J］. 地理学报，2006，2：179－189.

　　［120］诸葛承祥. 基于自组织理论的城市交通和土地利用动态演化机理研究［D］. 北京：北京交通大学，2014.